宽带CDMA网络越区切换算法关键技术研究

朱立忠　编著

东 北 大 学 出 版 社
·沈　阳·

图书在版编目（CIP）数据

宽带 CDMA 网络越区切换算法关键技术研究 / 朱立忠编著. —沈阳：东北大学出版社，2010.7
ISBN 978-7-81102-829-4

Ⅰ.①宽… Ⅱ.①朱… Ⅲ.①码分多址—宽带通信系统—切换机理—算法理论 Ⅳ.①TN929.533

中国版本图书馆 CIP 数据核字（2010）第 127435 号

出 版 者：东北大学出版社
地址：沈阳市和平区文化路 3 号巷 11 号
邮编：110004
电话：024—83687331（市场部） 83680267（社务室）
传真：024—83680180（市场部） 83680265（社务室）
E-mail：neuph @ neupress.com
http：//www.neupress.com
印 刷 者：沈阳市池陆广告印刷有限公司
发 行 者：东北大学出版社
幅面尺寸：140mm×203mm
印 张：4.5
字 数：100 千字
出版时间：2010 年 7 月第 1 版
印刷时间：2010 年 7 月第 1 次印刷
责任编辑：潘佳宁 刘宗玉 责任校对：王延霞
封面设计：唐敏智 责任出版：杨华宁

ISBN 978-7-81102-829-4 定 价：15.00 元

目　　录

第1章 引　　言

1.1 项目概述

随着移动通信技术的发展，在即将到来的3G时代，移动通信网络的业务种类和业务量也开始增多，尤其是高速实时性的多媒体业务。宽带CDMA以其频谱利用率高、系统容量大、频率管理容易、软切换、移动台发射功率低、信道的传输速率高等优点代表了第三代移动通信的核心技术，在未来的无线通信系统中必然扮演极为重要的角色。

尽管3G网络的带宽和容量都有所增加，但这些业务的传输不仅仅在带宽和容量上对3G网络提出了要求，在资源的合理利用和分配上也提出了更高的要求。宽带CDMA采用了宽带直序列扩频技术，支持可变速率的数据传输，所有用户都在同样的频率下进行通信，小区内部靠正交的码字来对用户进行区分，这使得宽带在CDMA网络中可以采用软切换技术。软切换的先连接后中断的特点虽然保证了通信越区阻塞率的降低，但它只是根据导频信道信号质量的优劣来判断需要接入的目标小区，至于目标小区当中的容量是否能够满足用户的要求，并没有进行考虑。在用户的通信速率、实时性要求不高或用户需求远小于小区容量时，软切换可以保证切换过程的顺利执行。但是，在用户业务的传输速率和实时性要求较高的情况下，如实时视频通信，越区切换时就要考虑目标小区的剩余容量是否能够满足服务质量要求。如果目标小区的容量不足，就会造成切换阻塞。因此，对这类数据流的越区切换进行研究具有十分重要的意义。

数据流越区切换是移动蜂窝通信系统所独有的功能，也是移动通信系统的主要特征，已经成为增加系统容量和提高通信质量的关键技术。在移动网络的端到端服务质量管理中，系统越区切换阻塞率是一项非常重要的 QoS 指标。如何降低切换连接的阻塞率，同时更加有效地利用系统资源，一直是无线网络服务质量管理和资源管理的一项重要课题。

本项目提出一种基于 $M/M/N$ 排队过程瞬态解的动态信道资源预留算法，利用对实际越区切换阻塞率的统计来动态调节系统的切换阻塞率指标；并通过对未来一定时间内的越区切换阻塞率的预测，对系统内部新增呼叫进行准入控制；通过对小区中不同状态的数据流所占用资源情况的概率分析，分别提出在软切换条件下以及软容量情况下的高速实时流越区切换动态资源预留算法；为了保证一定的切换阻塞率指标，同时能够满足数据流的其他服务质量要求，针对数据流自相似的特性改进 Norros 的排队模型，提出一种重尾间隔 ON-OFF 流随机接入的准入控制方案；在此基础上，同时考虑了系统切换阻塞率要求和数据流的长相关特性，提出了一种自相似数据流的越区切换动态资源预留算法。

在移动通信技术迅猛发展的过程中，对越区切换算法的研究一直是其中的热点问题，随着网络中高速实时业务的增加，这种数据流的越区切换成为了第三代网络管理当中的重点和难点问题。本项目对宽带 CDMA 网络当中高速实时流的越区切换进行广泛深入的研究，为宽带 CDMA 网络的实际应用和提高通信质量夯实理论基础，具有较高的经济效益和社会效益以及广阔的应用推广前景。

1.2 项目的可行性和重大意义

1.2.1 必要性

1.2.1.1 切换管理是无线资源管理的重要组成部分

随着无线移动网络成为通信基础网络的重要组成部分，严重的带宽限制迫使设计者将无线移动网络的服务区域分为能够重复使用无线频谱的蜂窝小区。并且，通过降低蜂窝的大小，可以更好地重复使用资源，这些微蜂窝极大地提高了系统的容量，特别适用于有大业务量需求的区域。因此，为了满足无线通信飞速增长的需求，从根本上增加业务容量，蜂窝小区被设计得越来越小，正在向微蜂窝（micro）和微微蜂窝（pico）的方向发展。尽管进一步分裂蜂窝小区可以获得更大的频率重用，但它也导致了越区切换更为频繁。切换是当用户在蜂窝小区的覆盖区域中移动时，正在进行的呼叫从一个小区转换到另一个小区的过程。当移动设备从一个小区移动到另一个小区时，呼叫需要从一个基站切换到另一个基站。很显然，这样的切换使得通话中断的可能性增大，从而影响蜂窝系统的设计和性能。

由此可见，切换是一个重要的移动管理功能，它是蜂窝系统所独有的功能，也是移动通信系统的关键特征，已成为追求最大系统容量和提高通信质量的关键技术。同时作为无线资源管理的一个重要组成部分，对优化和管理系统资源也起着极为重要的作用。

1.2.1.2 越区切换是网络端到端服务质量管理中的关键技术

服务质量（QoS）管理是用来解决网络延迟和阻塞等问题的一种技术。如果没有这一功能，某些应用系统，比如音频和视频，就不能可靠地一直工作下去。然而，如果网络只用于特定的没有时间限制的应用系统，比如 Web，或 E-mail 设置，就无需考虑这项功能了。QoS 管理根据某些关键参数对网络服务质量进行整体衡量。不同的业务需要不同的 QoS 保证，如果是 FTP 或 E-mail 业务，对准确率要求较高，而对延时要求相对较低；如果将网络用于交互式话音和视频，就需要非常小的延时，而对丢包率要求相对较低。因此，QoS 是指网络在传输数据流时要求满足的一系列服务请求，具体可以量化为延迟、抖动、丢包率等性能指标。

如何满足在未来移动通信网络当中各种业务的 QoS 一直是学术界研究的热点问题。在移动通信网络当中，用户的移动性以及无线信号受外界干扰而变化的不确定性，是区别于有线网络的最主要特点。因此，在移动网络的端到端服务质量管理中，小区间的越区切换阻塞率是一项非常重要的 QoS 指标。在进行通信系统的性能评价时，强行中断正在进行的通信要比阻塞新的呼叫更加令人不能容忍。所以，当用户从一个蜂窝小区向另一个小区进行切换时，需要做出很大的努力来保持当前正在进行的通信的连续性。在多种业务并存的第三代宽带移动网络当中，不同的业务会有不同的服务质量要求，对不同业务移动用户的切换管理会变得更加复杂。如何减小连接的阻塞率，同时更加有效地提高系统资源的利用率，是无线网络服务质量管理和资源管理的一个重要问题。

1.2.2 可行性

申请者及其团队由来自沈阳理工大学信息科学与工程学院教学和科研第一线的青年教师组成，均为通信、电子信息工程、计算与通信工程及相关领域年轻（平均年龄不到 40 岁）的博士后、博士、博士生，并且绝大部分拥有高级技术职称，其中 3 人有在德国和澳大利亚高等学府合作研究的经历，在各自研究领域成果颇丰，多年的合作研究已经形成稳定的团队，具有较强的学术水平和研究能力。近三年来在国内外期刊和会议上发表本项目及相关领域的文章 40 余篇，被三大检索收录 21 篇（SCI 收录 6 篇，EI 收录 10 篇，ISTP 收录 5 篇），其中有关 CDMA 网络越区切换算法研究方面论文 7 篇。

项目申请者及其团队已经收集、翻译和阅读了大量有关宽带 CDMA 网络越区切换算法方面的中英文文献资料。

沈阳理工大学在配套资金、项目管理、实验设备等方面给予充分保证。因此，本项目的可行性是可以保证的。

1.2.3 重大意义

目前，3G 网络已经在日本、韩国等少数国家中开始商用，中国的 3G 网络也进入了商用化阶段，预计在未来的几年里将是三代系统的高速成长期。中国发展第三代移动通信有着十分重要的意义：第一，满足用户数增长需求。为适应中国移动通信网的用户增长需求，中国希望有更多的频谱资源支持，发展第三代移动通信是一条途径。第二，满足数据业务增长需求。随着移动通信网络的业务种类和业务量逐渐增长，尤其是高速实时性的多媒体业务的增多，网络必须有相应的不对称业务能力和高速率数据传输能力，这必须靠第三代移动通信来支持。第三，降低运营成本的需求。第三代移动通信与第二代相比，频谱利用率大大提高，因此运营成本相应地降低。第四，民族产业的发展机遇。第三代移动通信给中国的民族移动通信产业带来了一个新的发展机遇。

而目前对第三代网络的研究，尤其在网络端到端服务质量管理方面，仍然有许多问题需要进一步完善。切换管理是无线资源管理中的重要组成部分，越区切换是网络端到端服务质量管理中的关键技术。

1.3 国内外发展现状及市场需求分析

1.3.1 国内外发展现状及趋势

第三代移动通信的概念早在 1985 年就由 ITU（国际电信联盟）提出了，当时称为 FPLMTS（未来公众陆地移动通信系统）。1996 年更名为 IMT—2000（国际移动通信—2000）。移动通信在经历了两代发展后，到了 20 世纪末，以 GSM 网络为代表的第二代移动通信系统标准体系已经发展得较为完善，技术也相对成熟，用户数量高速增长，获得了巨大的成功。但与此同时，系统本身的问题也逐渐显露出来。现有 GSM 系统，利用单一时隙可以提供 9.6kB 或 14.4kB 的数据服务。如果采用时分复用的技术，可以提供 14.4kB×N 的速率，如果 $N=4$，用户的最高数据速率可达 57.6kB。可见，单纯的时分多址方式不会使网络容量得到本质的提高。显然，第二代移动通信网络的弊端就是系统容量低，支持的业务种类单一，所提供的服务不能够适应目前高速数据和多媒体应用发展的要求。

为了解决这些矛盾，第三代移动通信的标准化工作开始启动，三代系统的发展也进入了实质阶段。前两代系统主要面向语音传输，与之相比，三代的主要特征是提供数据业务，语音只是数据业务的一个应用。ITU 对三代系统的基本要求是：在室内、步行及车载三种环境下，支持话音和各种多媒体数据业务，实现高质量、高频谱利用率、低成本的无线传输以及全球兼容的核心网络。其中高速移动环境支持 144kB，步行慢速移动环境支持 384kB，在室内支持 2MB 的数据传输速率。ITU 希望三代系统能提供更大的系统容量、更好的通信质量，而且要能在全球范围内实现无缝漫游，为用户提供包括话音、数据及多媒体等在内的多种业务，同时也要考虑与二代系统的兼容性，保护用户原有的投资。

经过几年的评估和大量的协调工作，1999 年底，ITU 通过了 IMT—2000 的无线接口技术规范，这标志着第三代技术的格局已最终确定，它分为 CDMA 和 TDMA 两大类共 5 种技术，由于 CDMA 码分多址（Code Division Multiple Access）接入技术优越的数据业务性能，使得 CDMA 接入技术已经成为第三代移动通信的核心技术。其主流为以下 3 种 CDMA 技术：CDMA-DS（直序列扩频 CDMA），即 WCDMA 或 UMTS，它在宽达 5MB 的频带内直接对信号进行扩频；CDMA－MC（多载波 CDMA），即 CDMA2000 或 CDMA 3X，由多个 1.25MB 的窄带直序列扩频系统组成的一个宽带系统；CDMA－TDD（时分双工 CDMA），我国提出的 TD-SCDMA 即属于这种技术。前两种技术属于 FDD（频分双工）模式，后一种属于 TDD（时分双工）模式。FDD 适合大区制的全国系统和对称业务，而 TDD 适合用户密度较高的地区和非对称业务。相比之下，TDD 节约频率资源、成本低，而 FDD 覆盖比较好。预计在第三代系统中，两者优势互补，用 FDD 提供大区制对称业务，在城市和近郊使用 TDD 系统，其间，用多模终端实现漫游。这几项技术将在两个国际标准化组织内进行实际的工作：由 3GPP 完成 CDMA－DS（WCDMA）和 CDMA－TDD 的标准；由 3GPP2 完成 CDMA－MC（CDMA2000）标准。

为了避免切换连接阻塞现象的发生，常用的做法是在每一个小区预留部分信道专门用于越区切换的接入。在第二代移动通信网络中普遍使用了这种方法，这显然有可能造成一定资源浪费，增加小区内部新增呼叫的阻塞率。但在已有的 GSM 网络当中的应用效果比较好。第二代移动网络带宽较小，传输速率较低，由于 2G 网络的通信业务是以话音和非实时低速率数据业务为主，高速实时的视频业务无法在第二代移动通信网络中实现。单纯的实时语音业务要求的带宽只有 8～13kB，并且在核心网络当中采用电路交换技术，所以尽管会造成一定的资源浪费，但整体业务量相对于网络容量较小，网络中基本业务的服务质量是比较容易得到保证的。

随着第二代移动通信网络逐渐被第三代网络所取

代，移动通信网络的业务种类和业务量也开始增多，尤其是高速实时性的多媒体业务，尽管3G网络的带宽和容量都有所增加，但这些业务的传输不单纯在带宽和容量上对3G网络提出了要求，在资源的合理利用和分配上也提出了更高的要求。

CDMA作为第三代移动通信的核心技术之一，采用了宽带直序列扩频技术，支持可变速率的数据传输，所有用户都在同样的频率下进行通信，小区内部靠正交的码字来对用户进行区分，这使得在CDMA网络中可以采用软切换技术。软切换的先连接后中断的特点虽然保证了通信越区阻塞率的降低，但它只是根据导频信道信号质量的优劣来判断需要接入的目标小区，至于目标小区当中的容量是否能够满足用户的要求，并没有作考虑。在用户的通信速率、实时性要求不高或用户需求远小于小区容量时，软切换可以保证切换过程的顺利执行。但是，在用户业务的传输速率和实时性要求较高的情况下，如实时视频通信，越区切换时就要考虑目标小区的剩余容量是否能够满足服务质量要求。如果目标小区的容量不足，就会造成切换阻塞。

而目前对第三代网络的研究，尤其在网络端到端服务质量管理方面，仍然有许多问题需要进一步完善。因此，对这些问题的研究仍然具有一定的理论与现实意义。

目前，第三代移动通信网络已经在日本、韩国等少数国家中开始商用，进入实施阶段。在国内，中国移动通信和中国联通公司分别进行了GPRS和CDMA 1X等2.5G网络的建设，由于小区内部带宽还只能够达到160kB/s，因此，还不能够完全支持高速实时多媒体数据流。由于网络容量较 2G 网络相比，有了较大的提高，对低速率数据流的越区切换，采用静态信道预留和软切换技术，可以达到比较好的效果。在国外，韩国和日本率先进行了第三代移动通信系统的建设和运营，采用 CDMA EV－DO 技术，小区最高传输速率可以达到 2.4MB/s，可以支持多个 70kB/s 左右的实时视频电话业务，但是由于在越区切换时没有相应的视频电话业务 QoS 保证机制，经常造成视频流越区阻塞。由此可见，在目前的 3G 商业运营当中，并没有引入防止越区接入阻塞的合理的资源分配机制。其主要原因是目前采用的防止越区接入阻塞的方案多为静态信道预留方案，如果每个小区预留出几个视频流的资源，就意味着在仅有的 2.4MB/s 带宽当中预留出数百 kB/s 的带宽资源，这在运营商看来是不能容忍的。因此，既能够满足高速实时数据流服务质量，又可以提高系统资源利用率的好的越区切换资源分配算法和机制是迫切需要研究的课题。

另外，由于 CDMA 网络是干扰容量受限系统，即小区的容量是根据干扰情况变化的；而且，很多研究表明，高速数据流也显示出长相关特性，这使得对 CDMA 网络中数据流越区切换时的资源分配成为比较难以解决的问题。目前，还没有运营商在切换策略上对这些问题进行考虑。

在学术界，国内外学者对切换时服务质量的保证以及系统资源的利用率进行了大量的研究，并提出了很多切换时资源分配的算法和方案。归纳起来，主要可以分为静态和动态两类信道资源分配方案。

1.3.1.1 静态信道资源分配方案

所谓静态信道资源分配，就是系统按照一定的参数和条件对信道资源进行分配，并且信道分配状态不随时间的变化而变化。静态信道资源分配方案主要有3种方式。

(1) 非优先级方案 (non-priority scheme)。

这是一种简单的切换方案。该方案不区分内部新增连接和切换连接，只要有足够的资源，发出请求的连接就可以得到服务，这种方案没有体现对越区用户服务质量的保证，所以在业务量达到一定程度后，一般不被采用。但是在当前正在运营的CDMA 1X和CDMA EV-DO网络当中，低数据流业务量远小于网络容量，又有软切换做保证，在不考虑高速实时流的QoS保证条件下，这些网络中普遍采用这一策略。

(2) 优先级方案 (priority scheme)。

为了保证系统有足够低的越区阻塞率，越区切换请求需要被赋予比内部新增呼叫更高的优先级。于是就有了优先级方案，又称信道保护 (GC) 方案，这种方案最初是由Hong和Rappaport[1]提出来的，其基本思想是在每个小区中都预留一部分信道资源给切换连接，因此切换连接可以竞争所有的信道，新增连接只能竞争除预留信道之外的信道资源，以此来保证切换连接有足够低的阻塞率。在文献 [1] 中作者利用马尔柯夫状态转移过程的稳态解，对预留信道的数量进行计算。在这种思想的指导下，很多学者[2-7]在此方面进行了大量的研究，它们之间的区别主要在于基站如何选取保护信道的数量。但是在这些成果中，大部分的研究工作都是基于硬切换条件下的，S.L.Su等[8]对算法进行了一定的发展，在假设CDMA小区容量不变的情况下，提出了一个低速流在软切换过程中预留固定数量资源的方案，减少了软切换的失败。

信道保护方案实现简单，并且能够保证切换连接的优先级，但负载变化时的适应能力较弱，持续的预留信道会限制网络的总体流量。例如，对于宽带业务，必须预留更多的资源，然而，这样做会导致本已稀缺的无线资源的较低的利用率，同时会造成新增接入阻塞率的提高。正如前面所说，这种方案是第二代移动通信网络所使用的主要切换算法。

(3) 排队方案（queueing handoff scheme）。

另一种方案就是所谓的 HQ（排队方案），在文献[9-11]中对这种方案进行了分析，它们利用小区之间互有重叠的特点，允许切换呼叫排队等候一定的时间，直到可以分配资源。由于很多切换连接不能立即得到服务，在有实时业务的多媒体网络中，该方案有可能导致较大的延迟。因此，这种方法对于宽带实时业务的切换不能很好适应。

1.3.1.2 动态信道资源分配（DCA）技术

DCA 技术是为了合理利用网络无线频谱资源，对系统中的所有资源实施分配、管理和调度，以最大限度地利用系统资源并确保链路和系统的性能。采用 DCA 技术，能够限制干扰、最小化信道重用距离，从而高效率地利用有限的无线频谱资源，提高系统容量；更重要的是，DCA 技术能较好地适应 3G 业务的需要，尤其是高速率的、上下行不对称的网络业务和多媒体业务。在使用 DCA 技术的系统中，信道资源并不是固定地分给某个小区，而是被集中在一起进行分配；只要能保证链路质量，任何小区都可以将该信道分给呼叫。在实际运行中，RNC 集中管理一些小区的可用资源，根据各个小区的网络性能参数、系统负荷情况和业务的QoS参数，动态地将信道分配给用户。在小区内分配信道的时候，相邻小区的信道使用情况对于RNC来说是已知的，不需要再通过小区间的信令交互获得。动态信道分配技术一般包括两个方面：一是把资源分配到小区，也叫做慢速DCA；二是把资源分配给承载业务，也叫做快速DCA。由于DCA技术良好的应用前景，在近年来也引起了学术界的关注，并进行了大量的研究。

笔者注意到，慢速DCA主要解决的问题是无线频谱资源充分利用的问题，对越区切换时服务质量的保证虽然能起到一定的帮助作用，但不会从本质上解决切换时的阻塞问题。因此本项目不将其作为研究对象。本项目研究的动态资源分配技术属于快速DCA的范畴。这种动态资源分配技术指的是针对越区切换时的切换阻塞率保证，提出的动态解决方案。很多学者[12-22]在这方面进行了研究。

有些学者[12,13]提出了比较简单的适应性门限调节的方法，力求使新增呼叫阻塞率与越区切换阻塞率之间达到平衡。通过监视掉话率和新增呼叫阻塞率来调节接入门限值，决定呼叫的接入。这种方法使用简单，但是缺少对未来情况的预测，被动地根据统计进行调节，可能会造成未来时段的阻塞率与系统要求有较大的偏离。另外，他们都没有考虑软切换过程。软切换接入应该与内部接入有所不同，因为高速实时数据流的传输会使软切换时数据流占用的资源与内部接入数据流所占用的资源不同。

另外一种策略是，基于邻近小区现有的连接，每个基站动态地调节预留容量。这会使基站预留的资源更加接近实际需要，因此会接入更多的新增用户。近来研究的一些切换管理方案[14-19]预测移动台的运动方向并且在目标小区中预留信道。Lee[16]建议带宽的预留应该依据邻近小区当前存在的连接。在文献［3］中，Naghshineh 和 Schwartz 提出了一个理论模型，来计算维持目标切换阻塞率所需要的资源。他们的模型假设所有的连接请求都是同样的，并且利用三个小区进行了仿真研究。在文献[22]中，Yu 和 Leung 也提出了一种计算容量的技术，认为切换阻塞率可以容忍在一定范围内。文献［17］中则提出了一个阴影簇（shadow cluster）的概念，阴影是指与移动台所在小区相邻的区域。利用对阴影中移动台行为的预测，提前估计资源需求来进行准入控制，以限制较低的切换阻塞率。Lu 和 Bharghavan[18]对移动性的评估进行了研究。Choi 和 Shin[15]基于每个小区的观察的历史估计了移动切换行为。他们的方案基于移动台过去的移动行为来预测其未来的行为。这些方案需要知道移动台大量的动态信息，如位置、速度等。这种信息通常很难预测，计算量大，难于实现。

从前面的分析中可以知道，切换过程中资源预留的算法多种多样，各有利弊，除了前面介绍的以外，这些算法普遍只适用于第一代和第二代移动通信系统的硬切换接入方式。而在 CDMA 系统中普遍采用软切换方式，这些研究大部分没有考虑这一情况。

另外，现有的针对 CDMA 越区切换算法的研究当中，普遍假设 CDMA 小区的容量不变，这不符合 CDMA 系统容量干扰受限的实际情况。而且，在第三代移动通信系统当中，高速多媒体数据业务将成为主流方向，很多研究表明，这些业务具有较强的自相似性，因此，在系统的数据流接入过程当中，如何来适应数据流的特性，也是一个值得研究的问题。在目前国内外研究CDMA网络越区切换的文献成果当中，还没有对CDMA网络的自身特性、数据流的特性以及用户移动特性全面综合的相关研究。

1.3.2 市场需求分析

2006年上半年，全球3G市场总体发展迅速，商用网络、用户和终端都平稳增长，3G市场初具规模，商用网络数量超过270个。截至2006年4月，全球共有273个3G网络商用，比2005年底增加了28个，特别是WCDMA商用网络增加了14个，达到了108个，CDMA2000 1X EV-DO网络达到了35个，CDMA 1X网络为130个。随着WCDMA技术标准、网络设备和终端的逐渐成熟，商用网络近两年发展迅速，所占比例逐渐提高。全球颁发了137张WCDMA许可证，目前商用网络为108个，还有增长空间。另外，CDMA 1X网络逐步升级演进到EV-DO，技术升级的步伐开始加快。而在用户数量方面，截至2006年3月底，全球共有3G用户2.37亿，已经占到全球移动用户数的10%。其中CDMA2000 1X用户数为1.6亿，WCDMA用户数为5300万，CDMA2000 1X EV-DO用户数为2500万。

中国独特的优势一方面是人口众多，拥有世界最庞大的电信客户群，2006年统计数据仅移动用户就达4亿，“十一五”末将达6亿，如有40%成为3G用户，则可达2.4亿。中国已经是世界3G网络潜力最大的市场。庞大的用户群一方面将为3G的网络、终端、运营等方面的成本带来规模效应型的降低，更有利于3G的普及；

另一方面，也确实说明 3G 在用户中的认可度和吸引力，只要政府机构能够正确地引导，以运营商为龙头形成产业链，3G 的前景是值得人们期待的。可以预见，在今后 3～5 年内，中国出现日本和韩国那样快速普及 3G 的情况是完全可能的。

中国是移动通信的最大市场，中国的移动通信运营投入也将是世界最大的，但研究开发投入却非常少。对第三代网络理论的研究，尤其在网络端到端服务质量管理方面研究，仍然有许多问题需要进一步完善。切换管理是无线资源管理的重要组成部分，越区切换是网络端到端服务质量管理中的关键技术。

1.4 总体目标和主要研究内容

1.4.1 总体目标

本项目提出一种基于 $M/M/N$ 排队过程瞬态解的动态信道资源预留算法，利用对实际越区切换阻塞率的统计来动态调节系统的切换阻塞率指标；并通过未来一定时间内的越区切换阻塞率的预测，对系统内部新增呼叫进行准入控制；通过对小区中不同状态的数据流所占用资源情况的概率分析，分别提出在软切换条件下以及软容量情况下的高速实时流越区切换动态资源预留算法；为了保证一定的切换阻塞率指标，同时能够满足数据流的其他服务质量要求，针对数据流自相似的特性改进 Norros 的排队模型，提出一种重尾间隔 ON-OFF 流随机接入的准入控制方案；在此基础上，同时考虑了系统切换阻塞率要求和数据流的长相关特性，提出一种自相似数据流的越区切换的动态资源预留算法。

1.4.2 主要研究内容

(1) 在系统分析静态切换方案利弊的基础上，详细研究系统资源占用状态的瞬态过程。利用 $M/M/N$ 系统的瞬态解，提出一种硬切换条件下动态信道资源预留方案。

(2) 根据通用的用户移动模型，对切换区域中用户所需的资源进行预测，提出一种在软切换条件下适合高速实时流的越区切换的动态资源预留策略。

(3) 在全面分析高速网络中数据流自相似特性的基础上，进行仿真研究，提出一种随机接入重尾间隔 ON-OFF 流的准入控制机制。并在此基础上提出一种适合高速数据流自相似特性的动态切换资源预留算法。

(4) 在全面分析 CDMA 系统的容量突发特性的基础上，综合考虑在 CDMA 网络越区切换资源分配过程当中小区容量变化的突发性以及数据流的长相关特性，提出在这种条件下的越区切换的动态资源分配策略。

(5) 在对 3G 网络的不同业务类型进行分析和研究的基础上，提出在两种类型实时数据流并存时，越区切换的动态资源预留算法。

1.5 工作路线

1.5.1 技术路线

(1) 统计学。采用统计学的方法对当前实际统计的越区切换阻塞率对系统切换阻塞率指标进行统计分析。

（2）运筹学。利用排队论 $M/M/N$ 系统马尔柯夫瞬态解，提出一种硬切换条件下动态信道资源预留方案；对 Norros 提出的固定数量接入 ON-OFF 数据流的系统排队模型进行改进，提出一种随机接入条件下 ON-OFF 自相似数据流的系统准入控制模型。

（3）随机过程。采用随机过程方法对数据流自相似性进行研究，将容量变化因素考虑在内，结合多址干扰的突发性，提出一种在软容量条件下，自相似数据流软切换的资源预留算法；并对 CDMA 网络数据流突发性以及软切换特点进行分析和研究。

（4）计算机仿真。采用当前实际统计的越区切换阻塞率对系统切换阻塞率指标数据以及仿真数据，通过计算机仿真验证提出算法的可行性。

1.5.2　工作路线

（1）采用统计学、排队论和随机过程的方法分别提出一种在硬切换和软切换条件下的基于预测的指标可调节动态越区切换算法。通过对第二代移动通信网络当中常用的几种传统的静态硬切换资源预留算法进行分析和研究，发现基于 $M/M/N$ 系统稳态解的算法性能在很大程度上受资源预留粒度的影响。资源预留粒度越大，即系统预留资源单位数量相对于系统资源总数量越大，传统的优先级算法就越有可能使系统的内部接入阻塞率增高，进而降低系统的资源利用率。针对这一问题，提出一种基于预测的动态越区硬切换算法。这种算法利用 $M/M/N$ 系统马尔柯夫瞬态解，根据系统当前状态，对一定时间段后的系统切换阻塞率进行预测，再根据当前实际统计的越区切换阻塞率对系统切换阻塞率指标进行调节，从而对系统的内部接入数据流进行准入控制。在CDMA网络当中，由于采用了功率控制和软切换技术，使得在软切换区域中对移动台的运动方向和速度进行预测比较容易实现。根据这个特点，结合硬切换下动态切换算法，提出一种软切换条件下的动态越区切换算法。这个算法中不仅根据 $M/M/N$ 系统的马尔柯夫瞬态解，而且还根据软切换区域中移动台的移动模型，对系统切换阻塞率进行动态预测。

(2) 采用统计学、排队论和随机过程的方法提出一种自相似数据流随机数量接入的准入控制模型。重尾分布时间间隔的ON-OFF数据流的叠加具有自相似性，Norros提出了一种固定数量接入的此类ON-OFF数据流的系统排队模型，这也是当前对网络性能分析评估时常用的模型。但系统中数据流接入数量具有一定的随机性，针对这一点提出一种随机接入条件下ON-OFF自相似数据流的系统准入控制模型。

(3) 采用统计学、排队论和随机过程的方法，在研究CDMA系统越区切换时，充分考虑数据流的自相似性和CDMA小区容量变化的突发性，提出相应的越区切换算法。在3G高速网络中的数据流具有自相似性，并且由于CDMA网络是干扰受限系统，其容量随着系统干扰的变化而变化，这种变化由于网络中数据流的自相似性而呈现出一定的突发性。结合这一特点，在进一步完善前面算法的基础上，将容量变化因素考虑在内，结合多址干扰的突发性，提出一种在软容量条件下，自相似数据流软切换的资源预留算法。这个算法更加符合CDMA系统的实际情况。

(4) 采用统计学、排队论和随机过程的方法，对多种类实时流越区切换算法进行初步研究。在对多种类实时流越区切换算法进行深入广泛研究的基础上，对单一高速实时流的越区切换算法进行改进，重点研究两类数据流切换的情况，提出在软容量条件下，两种自相似数据流软切换的动态资源预留算法。

第 2 章 网络 QoS 调度策略的分析与研究

2.1 绪 论

计算机网络的服务质量（QoS）是当今国际上网络研究领域最重要、最富有魅力的研究方向之一，是计算机网络研究与开发的热点，被称为新一代计算机网络的核心问题之一。随着 Internet 的迅猛发展，特别是多媒体业务的增多，这种体系的弊端逐渐暴露出来，它已经无法满足人们对网络的性能和业务的多样化需要。

人们对服务质量（QoS）的要求日益增加，QoS 技术成为当今网络技术的一个新的热点。在 QoS 技术当中，包括很多方面，为了保证一定的 QoS 指标（丢包率、延迟、抖动等），需要进行多方面的技术协作（拥塞控制、拥塞回避、排队调度等），其中调度策略是网络 QoS 管理当中十分重要的一部分，不同调度策略的应用会产生不同服务质量，在网络的 QoS 管理中，常用的调度策略有 PQ，WFQ，CBWFQ，LLQ 等。

网络的迅猛发展是不可以改变的，这给计算机网络的服务质量（QoS）带来了极大的挑战，在暂时不能改变网络带宽的情况下，只能对调度策略作出调整，缓解丢包率、延迟和抖动等现象。对这些调度策略的实现机制有很多文献进行了论述，但是对这些策略的定量分析却相对较少，本书根据排队论的思想对这些调度策略进行了分析，说明了它们对网络数据流的 QoS 性能指标的影响。

2.2 网络 QoS 及其 4 种调度策略的介绍

调度策略是网络 QoS 管理当中十分重要的一部分，不同调度策略的应用会产生不同服务质量，在网络的 QoS 管理中，常用的调度策略有 PQ，WFQ，CBWFQ，LLQ 等。

2.2.1 PQ 调度策略的介绍

优先权排队（PQ）调度策略允许为网络流量定义 4 个队列。这些队列的优先权分别为高、中、普通、低。路由器严格按照它们的优先级来处理队列。如果在高优先权队列中有数据包，这个队列将被处理，直到它为空，一旦高优先权队列为空，路由器就转向中级优先权队列，处理一个包，很快，路由器又检查高优先权队列，检查它是否为空，如果是，它会继续处理中级优先权排队，依此类推，然后是普通级，然后是低级。在一个低优先权队列中的数据包得到服务之前，所有 3 个高、中、普通优先权队列必须完全为空。优先权排队能够对网络流量进行很多的控制。但是，当更高优先级队列里有太多的数据包时，就会使低优先级队列里的数据包得不到服务，造成“队列饥荒”。这表明了 PQ 策略的不公平性。为了防止这种现象的发生，必须仔细地对流量进行分类，尽量保证在高优先权队列得到高质量服务的同时，使网络服务更加公平。

2.2.2　WFQ 调度策略的介绍

加权公平队列（WFQ）首先对数据包按流进行分类，每一个流被分配到一个队列。在发送数据包时，WFQ 根据报文分类时设置的流优先级来分配每个流应占有出口的带宽。优先级的数值越小，所得的带宽越少；优先级的数值越大，所得的带宽越多。在拥塞发生时，它能保证数据流公平地得到一定的带宽占用，减少这个网络的时延，并当流的数目减少时，能自动增加现存流可占的带宽。WFQ 是一个简单的、动态的排队机制，与 PQ 排队策略不同，WFQ 可以动态地适应网络里的变化，因此，它成为给每个用户提供相应级别服务的一个简单有效的方法。

2.2.3　CBWFQ 调度策略的分析

基于类别的加权公平排队策略（CBWFQ）是对 WFQ 的一个扩展，WFQ 的优点是保证了数据流在网络调度中的公平性，当负载过多时会出现实时性数据包得不到保证的情况。CBWFQ 克服了这一问题，在这种调度策略当中，部分数据流被分配给了固定的带宽，确保了数据流的实时性，而剩余部分的数据流则按照 WFQ 规则进行调度。其性能分析基本与 WFQ 的分析方法相同，但首先要把优先级高的数据流所占用的带宽去掉，用剩余的带宽对剩余的数据流进行 WFQ 方式的分析。这种调度机制的好处是结合了 RSVP 和 Interserv 的方法，保证了实时数据流的服务质量，并且实现起来相对简单。但这种策略的缺点也是明显的，分配固定带宽会使网络的利用率降低。

2.2.4 LLQ 调度策略的分析

低延迟排队（LLQ）调度策略是前面所说的 PQ 和 CBWFQ 的结合，在 LLQ 调度策略当中，建立一个严格优先权队列，剩余队列则按照 CBWFQ 规则进行排队。对 LLQ 的排队分析，假设具有严格优先权的数据流以参数为 λ_1 的泊松分布输入，可以首先按照具有两个优先级的 PQ 调度系统进行分析，得出第一类流的队列长度和等待时间。从而，可以计算出具有严格优先权的数据流所占用的带宽比例，再利用剩余带宽按照 CBWFQ 调度规则对其他流进行分析。

LLQ 调度策略保证了一条绝对优先的链路，可以使具有绝对实时性要求并对抖动敏感的流得到 QoS 保证。

2.3 本书的主要工作

2.3.1 关键技术路线

排队论思想的学习及其应用是本设计的难点之一。排队论（又称随机服务系统）是研究系统由于随机因素的干扰而出现排队（或拥塞）现象的规律的一门学科，它适用于一切服务系统，包括通信系统、计算机系统等。可以说，凡是出现拥塞现象的系统，都属于随机服务系统。排队论已渗透到军事、经济、生产与服务和管理等多种部门。随着电子计算机的不断发展和更新，通信网的建立和完善，信息科学及控制理论的蓬勃发展均涉及最优设计与最佳服务问题，从而使排队论理论与应用得到发展。本书针对排队系统进行仿真，分析系统的各项性能，并提出改进措施，如增加服务窗、提高服务窗处理速度、加大存储器容量等。仿真采用 MATLAB 语言实现。

排队论是每个人都很熟悉的现象。因为人、物或信息为了得到某种服务必须排队。有一类排队是有形的，例如在售票处等待买票的队伍，加油站前汽车等待加油的队伍等；还有一类排队是无形的，例如电话交换机接到的电话呼叫信号的排队，等待计算机中心处理机处理的信息的排队等。为了叙述的方便，排队者无论是人、物或信息，以后统称为“顾客”。服务者无论是人或事物，例如一台电子计算机也可以是排队系统中的服务者，我们以后统称为“服务员”。

排队是人们不希望出现的现象，因为人的排队至少意味着浪费时间；物的排队则说明了物资的积压。但是排队现象却无法完全消失，这是一种随机现象。顾客到达间隔时间的随机性和为顾客服务时间的随机性是排队现象产生的原因，如果上述的两个时间是固定的，就可以通过妥善安排来完全消除排队现象。

排队论研究的是排队系统在不同的条件下（最主要的是顾客到达的随机规律和服务时间的随机规律）产生的排队现象的随机规律性，也就是要建立反映这种随机性的数学模型。研究的最终目的是为了运用这些规律，对实际的排队系统的设计与运行作出最优的决策。

本章以排队论思想为主要的研究理论，MATLAB 为仿真工具，利用排队论思想结合实际网络状况做作分析和公式推导，再利用 MATLAB 作出仿真。其中公式推导和仿真原理为难点。

2.3.2　本章的主要工作

首先对实际网络状况及其数据交互过程有一个大体了解；其次熟练掌握排队论思想及其在通信中的应用；之后充分理解调度策略 PQ，WFQ，CBWFQ，LLQ 并且对 4 种调度策略作出公式推导；最后利用 MATLAB 作出仿真。本书第 1 章为引言，介绍大体概念；第 2 章为网络 QoS 调度策略的分析与研究；第 3 章为动态小区资源预留均换控制算法；第 4 章为 3G 移动通信网络的仿真技术研究。

2.4　排队论理论基础

2.4.1　泊松过程与负指数分布

2.4.1.1　泊松过程

如果用 $N(t)$表示在[0，T]时间内顾客到达的总数，则对于每个给定的时刻 T，$N(t)$都是一个随机变量。随机变量族 $\{N(t) \mid t \in [0, T]\}$ 称作是一个随机过程。

若对 $t_1 < t_2$，…，$t_n < t_{n+1}$有

$$\begin{aligned} P(N(t_{n+1}) = i_{n+1} \mid N(t_1) = i_1, N(t_2) &= i_2, \cdots, N(t_n) = i_n) \\ &= P(N(t_{n+1}) = i_{n+1} \mid N(t_n) = i_n) \end{aligned} \tag{2.1}$$

则称随机过程 $\{N(t) \mid t \in [0, T]\}$ 为马尔柯夫过程。式(2.1) 所标示的性质称为“无后效性”。它的实际意义是

说：如果用 t_n 表示现在时刻，t_{n+1}表示未来时刻，t_1，t_2，…，t_{n-1}表示过去的一系列时刻，则顾客到来的过程在 t_n 以前所处的状态（即顾客到达数）对预言过程在 t_n 以后的状态不起直接作用。

若随机过程 $\{N(t)|t \in [0,T]\}$ 就有“独立增量性”，即对任一组 t_1，t_2，…，$t_n(n \geqslant 3)$，随机变量 $N(t_2)-N(t_1),N(t_3)-N(t_2),\cdots,N(t_n)-N(t_{n+1})$ 相互独立，且对任意 $t \in [0,\ T]$有

$$P(N(t)=k)=\frac{(\lambda t)^k}{k!}\mathrm{e}^{-\lambda t},\quad k=0,1,2,\cdots \tag{2.2}$$

其中参数 $\lambda > 0$，则称这个过程为泊松过程。

独立增量性说明在互不相交的时间区间 (t_1,t_2)，$(t_2,t_3),\cdots,(t_{n-1},t_n)$ 内，顾客到达的情况是相互独立的。由于

$$\sum_{k=0}^{\infty}\frac{(\lambda t)^k}{k!}\mathrm{e}^{-\lambda t}=1$$

所以 $N(t)$的期望值为

$$\begin{aligned}E(N(t)) &= \sum_{k=0}^{\infty}\frac{(\lambda t)^k}{k!}\mathrm{e}^{-\lambda t}\\ &= \lambda t\sum_{k=0}^{\infty}\frac{(\lambda t)^{k-1}}{(k-1)!}\mathrm{e}^{-\lambda t}\\ &= \sum_{k=0}^{\infty}\frac{(\lambda t)^i}{i}\mathrm{e}^{-\lambda t}=\lambda t\end{aligned} \tag{2.3}$$

$$\lambda=\frac{E(N(t))}{t} \tag{2.4}$$

因此，参数 λ 就是单位时间间隔内到达顾客的平均数，同时，还可以求得随机变量 $N(t)$的方差为

$$D(N(t))=\lambda t \tag{2.5}$$

定理 2.1　若随机过程 $\{N(t) | t \in [0, T]\}$ 满足下列 3 个条件：

(1) 独立增量性：对任一组 t_1, t_2, …, t_n ($n \geqslant 3$)，随机变量 $N(t_2) - N(t_1), N(t_3) - N(t_2), \cdots, N(t_n) - N(t_{n+1})$ 相互独立；

(2) 平稳性：对于 $[s, s+t] \subset [0, T]$ 总有

$$P(N(s+t) - N(s) = k) = P(N(t) - N(0) = k)$$

其中

$$P(N(0) = 0) = 1, \sum_{k=0}^{\infty} P(N(t) = k) = 1$$

(3) 普遍性：令 $\varphi(t) = \sum_{k=2}^{\infty} P(N(t) = k)$，有

$$\lim_{t=0} \frac{\varphi(t)}{t} = 0$$

则 $\{N(t) | t \in [0, T]\}$ 是一个泊松过程。

独立增量性说明在 $[0, T]$ 中的任意区间 $[s, s+t]$ 内来到 k 个顾客这一事件与区间 $[0, s]$ 内来到顾客的情况相互独立，即在 $[0, s]$ 内顾客来到的情况所作的任何假定下，计算出来的在 $[s, s+t]$ 内来到 k 个顾客的条件概率均相等。同时可知，具有独立增量性的过程必然具有无后效性。

平稳性说明在 $[s, s+t]$ 内来到顾客的数值与区间长度 t 有关，而与时间起点 s 无关。也就是说，过程的统计规律不随时间的推移而改变，在同样长度的时间间隔内来到 k 个顾客的概率是一个常数。

普遍性表明，在同一瞬间来到两个或两个以上的顾客实际上是不可能的，即在充分小的时间间隔中，最多来到一个顾客。

在排队论里，常把泊松过程称为泊松流或最简单流，参数 λ 称为最简单流的强度。顺便说一下，泊松过程还具有可知性。即如果 $\{N_1(t)\}$ 和 $\{N_2(t)\}$ 是两个泊松过程，到达强度分别为 λ_1 和 λ_2，且两个过程相互独立，则 $\{N_1(t)\}+\{N_2(t)\}$ 仍为泊松过程，其到达强度为 $\lambda_1+\lambda_2$，推广此结论，则更多个独立的泊松过程合并后仍为一泊松过程，其到达强度为各过程的到达强度之和。泊松过程在排队论中起着重要作用。因为泊松流或近似于泊松流的实际情况经常会遇到，并且泊松流的数学处理很简单。

2.4.1.2　负指数分布

若用 τ_n 表示第 n 位顾客所需的服务时间，则 $\{\tau_n\}$ 是一族连续性随机变量。如果 $\{\tau_n\}$ 中各个随机变量相互独立，且服从相同的负指数分布（其中参数 $\mu>0$）：

$$P(\tau_n \leqslant t) = \begin{cases} 1-\mathrm{e}^{-\mu t}, & t>0 \\ 0, & t\leqslant 0 \end{cases} \tag{2.6}$$

其概率密度函数为

$$P(t) = \begin{cases} \mu \cdot \mathrm{e}^{-\mu t}, & t>0 \\ 0, & t\leqslant 0 \end{cases} \tag{2.7}$$

则服务时间 τ_n 的期望值为

$$\begin{aligned} E(\tau_n) &= \int_{-\infty}^{+\infty} tp(t)\mathrm{d}t \\ &= \int_0^{+\infty} \mu t\mathrm{e}^{-\mu t}\mathrm{d}t \\ &= -t\mathrm{e}^{-\mu t}\Big|_0^{+\infty} + \int_0^{+\infty}\mathrm{e}^{-\mu t}\mathrm{d}t \\ &= \frac{1}{\mu} \end{aligned} \tag{2.8}$$

则有

$$\mu = \frac{1}{E(\tau_n)} \tag{2.9}$$

于是，$\frac{1}{\mu}$就是每位顾客所需要的平均服务时间，而 μ 表示单位时间内能被服务完的平均顾客数。在排队论中，通常用“平均”来表示概率论中的数学期望。

同时可求得 τ_n 的方差为

$$D(\tau_n) = \frac{1}{\mu^2} \tag{2.10}$$

设 $\{N(t)\}$ 是描述顾客到达情况的随机过程，以 t_n 表示第 n 个顾客到达的时刻，则 $T_n = t_n - t_{n-1}$ 为第 n 位顾客与他的前一位顾客（第 $n-1$ 位顾客）到达时间的时间间隔。显然 $\{T_n\}$ 也是一族随机变量。关于到达间隔时间 $\{T_n\}$ 与顾客到达过程 $\{N(t)\}$ 之间的关系，可证得如下的结论。

定理 2.2 顾客到达过程 $\{N(t)\}$ 是一个参数为 λ 的泊松过程的充分必要条件为：相应的顾客到达间隔 $\{T_n\}$ 是一族相互独立的随机变量，且每个随机变量都服从下面的负指数分布：

$$P(T_n \leqslant t) = \begin{cases} 1 - e^{-\mu t}, & t > 0 \\ 0, & t \leqslant 0 \end{cases} \tag{2.11}$$

此定理说明，“顾客流是最简单流”与“顾客到达间隔相互独立且服从相同的负指数分布”是等价的两种描述方法。由于上面的负指数分布的数学期望 $E(T_n) = \frac{1}{\lambda}$，所以在最简单流中，顾客到达时间间隔的平均值为 $\frac{1}{\lambda}$。

关于负指数分布，需要强调一个它所具有的“无记忆性”。先看一个问题，如果顾客到达间隔时间服从负指数分布，平均间隔时间 10s，又假设在某一时刻（任一时刻）来考察这个到达过程，发现最后一位顾客已到达了 7s，那么下一位顾客平均还需多长时间才会到达呢？回答是出人意料的：还需要 10s。看来已经过去了的 7s 被遗忘了，故称“无记忆性”。下面来证明这一特性。

设到达间隔 T 服从负指数分布如式（2.11）所示，而为任一时刻，则到达间隔大于等于的概率为

$$P(T \geqslant s) = 1 - P(T \geqslant s) = \int_{s}^{+\infty} \lambda e^{-\lambda t} dt = e^{-\lambda s} \tag{2.12}$$

又因 $T \geqslant s$ 与 $T \geqslant s+t(t>0)$ 同时发生的概率等于 $T \geqslant s+t$ 的概率，即

$$\begin{aligned} P(T \geqslant s, T \geqslant s+t) &= P(T \geqslant s+t) \\ &= \int_{s+t}^{+\infty} \lambda e^{-\lambda t} dt \\ &= e^{-\lambda(s+t)} \end{aligned} \tag{2.13}$$

当给定条件 $T \geqslant s$ 时，讨论 $T \geqslant s+t$ 的条件概率，发现

$$\begin{aligned} P(T \geqslant s+t \mid T \geqslant s) &= \frac{P(T \geqslant s, T \geqslant s+t)}{P(T \geqslant s)} \\ &= \frac{e^{-\lambda(s+t)}}{e^{-\lambda t}} \\ &= e^{-\lambda t} \\ &= P(T \geqslant t) \end{aligned} \tag{2.14}$$

由此结果可知，此条件概率与 s 无关。这说明无论在泊松过程的什么时刻，即无论取哪一时刻为起点，考察至下一位顾客到达所经过的时间，其概率（即 $P(T \geqslant s +$

$t|T \geqslant s)$) 与此时刻之前的最后一位顾客是什么时候到达的无关。它和顾客相继到达的间隔时间都服从相同参数的负指数分布。

还可以指出的是，能满足无记忆性 $P(T \geqslant s + t|T \geqslant s) = P(T \geqslant t)$ 的分布，也只能是负指数分布。

2.4.2 生灭过程

生灭过程也是一种马尔柯夫过程。在排队论中很多排队过程和这个过程相仿。我们特别关心生灭过程在统计平衡时反映出来的稳态概率，并直接把这种稳态概率应用于建立各种排队模型。

2.4.2.1 生灭过程的定义

一堆细菌，随时间的推移，有的分裂为两个，有的死亡，经过一段时间之后，细菌变为多少？这种细菌的分裂与死亡的过程就是典型的生灭过程。设每个细菌在 Δt 时间内分裂成两个细菌的概率为 $\lambda\Delta t + o(\Delta t)$；而在 Δt 时间内死亡的概率为 $\mu\Delta t + o(\Delta t)$，各个细菌在任一时间内分裂或死亡都是相互独立的。若将细菌的分裂或死亡都看成是随机事件，那么在 Δt 时间内发生两个事件的概率等于下面三者之一：$(\lambda\Delta t + o(\Delta t))^2, (\mu\Delta t + o(\Delta t))^2, (\lambda\Delta t + o(\Delta t)) \cdot (\mu\Delta t + o(\Delta t))$。所以在 Δt 时间内发生两个或两个以上事件的概率为 $o(\Delta t)$。又设在时刻 t 有 i 个细菌，则在时刻 $t + \Delta t$ 有 $i + 1$ 个细菌的概率为 $\lambda\Delta t + o(\Delta t)$，在时刻 $t + \Delta t$ 内有 $i - 1$ 个细菌的概率为 $\mu_i\Delta t + o(\Delta t)$。用 $\xi(t)$表示这堆细菌在时刻 t 的个数，并考虑在$[0, T)$时间内细菌数的变化情况。因为对每个固定的 t，$\xi(t)$都是随机变量，故 $\{\xi(t)|t \in [0, T]\}$ 为一个随机过程，又因为它具有无后效性，故其也

是一个马尔柯夫过程，把上述细菌分裂和死亡的过程称为生灭过程。

定义 2.1　设 $\{\xi(t) \mid t \in [0, T)\}$ 为一个随机过程，随机变量 $\xi(t)$ 的取值集合为 $I = \{0, 1, 2, \cdots, m\}$（或可列集 $I = \{0, 1, 2, \cdots,\}$），称此集合为状态集，设在时刻 t 时 $\xi(t) = j$，那么在时刻 $t + \Delta t$ 时，$\xi(t + \Delta t)$为 I 中其他元素的概率为 $o(\Delta t)$。满足上述随机过程 $\{\xi(t) \mid t \in [0, T)\}$ 称为生灭过程。

从上面的定义来看，如果把状态的变化理解为排队系统顾客的到达和离去，则在时间增量 Δt 内，只会有一个到达，或有一个离去，或既无到达也无离去（此种情况的概率为 $1 - \lambda_j \Delta t - \mu_j \Delta t - o(\Delta t)$），除此以外的其他到达、离去情况认为是不可能发生的。并且，在 Δt 内到达一个顾客的概率和 Δt 的长短有关（因 λ_j 与 j 有关），而和时刻以前的状态无关。同理，可进行 Δt 时间内离开一个顾客的概率情况分析。

2.4.2.2　生灭过程的稳态概率

进一步考察生灭过程中时间 $T = +\infty$ 的情况。对生灭过程应更关心的是极限 $\lim\limits_{T=+\infty} P(\xi(t) = j)$。可以证明下面的定理。

定理 2.3　令

$$\pi_0 = 1, \quad \pi_j = \frac{\lambda_0 \lambda_1 \cdots \lambda_j}{\mu_1 \mu_2 \cdots \mu_j}, \qquad j = 1, 2, \cdots \tag{2.15}$$

并设生灭过程 $\{\xi(t) \mid t \geqslant 0\}$ 的状态集为 $I = \{0, 1, 2, \cdots, m\}$ 或 $I = \{0, 1, 2, \cdots\}$，那么，当下列条件

$$\sum_{j=0}^{\infty} \pi_j < +\infty, \quad \sum_{j=0}^{\infty} \frac{1}{\lambda_j \pi_j} = +\infty \tag{2.16}$$

满足时，对于任意正数 s 和任意 $j \in I$，$i \in I$，都有

$$\lim_{T=+\infty} P(\xi(t)=j) = \lim_{t\to+\infty} P(\xi(s+t) = j \mid \xi(s)=i) = P_j > 0$$

当状态集为有限集 $I=\{0,1,2,\cdots,m\}$ 时，

$$P_0 = \Big(\sum_{j=0}^{\infty}\pi_j\Big)^{-1},\quad P_j = \pi_j P_0 = \frac{\lambda_{j-1}}{\mu_j}P_{j-1},\quad j=1,2,\cdots,m \tag{2.17}$$

当状态集为无限集 $I=\{0,1,2,\cdots\}$ 时，

$$P_0 = \Big(\sum_{j=0}^{\infty}\pi_j\Big)^{-1},\quad P_j = \pi_j P_0 = \frac{\lambda_{j-1}}{\mu_j}P_{j-1},\quad j=1,2,\cdots \tag{2.18}$$

称 $P_j(j=0,1,2,\cdots)$ 为生灭过程在统计平衡时的概率，或称为稳态概率。

对于生灭过程，因为时刻 t 时状态为 j 的概率分布 $P(\xi(t)=j), j\in I$，将随时间 t 的变化而变化，称为瞬态解。瞬态解是很难求出的，即使求出来也难以利用。因此，在实际应用中更关心的是稳态概率 P_j，$j\in I$。稳态概率的含义是说，当运行时间 t 无限长时，状态的概率分布将不随时间而变化，此时状态为 j 的概率 P_j 是一个常数。需要指出的，虽然在理论上由定理 2.3 可知，生灭过程需经无限长的时间才会进入稳态。但在实际应用中，对大多数问题来说，相应的生灭过程总会很快达到稳态，不需要等到 $t\to+\infty$ 之后。

2.4.3　一般排队系统结构

排队系统（或称为服务系统）可用于描述排队情况，即顾客为了获得某种服务而到达服务台；若服务员在忙，顾客不能立即获得服务而又被允许排队等待，则加入等待队列；获得服务之后则立即离开系统。整个过

程如图 2.1 所示。

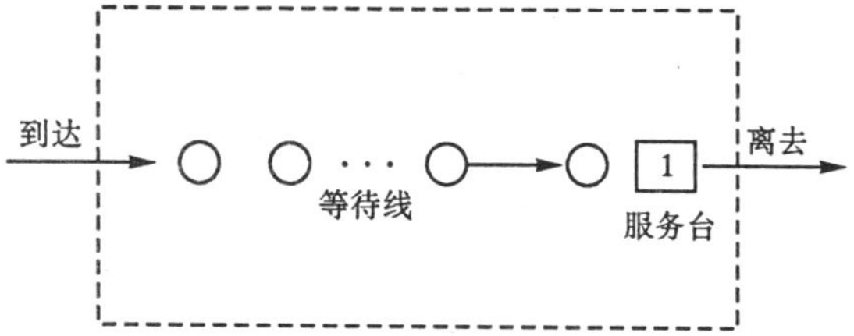

图 2.1　排队系统

实际上每个具体的排队系统都可能有所不同，但一般的排队系统都具有三个要素，这就是输入过程、排队规则、服务机构。由这三个要素便可以构造出一个一般排队系统的结构模型。并由此得到描述系统运行情况的数学模型。下面对这三个要素再加以具体的讨论。

2.4.3.1　输入过程

对于输入过程，需要了解的一个方面是顾客源的情况（顾客的总体可能是有限集，也可能是无限集），但主要的方面是了解顾客到达服务系统的规律，这种规律主要反映在顾客相继到达间隔时间的概率分布上。几种主要情况如下。

（1）定长输入。顾客有规律的到达，每隔时间 α 到达一位顾客。例如自动生产线上的装配件。顾客相继到达的间隔时间的分布函数是

$$P(T_n \leqslant t) = \begin{cases} 0, & t > \alpha \\ 1, & t \leqslant \alpha \end{cases} \tag{2.19}$$

（2）最简单流。即 $\{T_n\}$ 中各个 T_n 相互独立且都服从同一负指数分布

$$P(T_n \leqslant t) = \begin{cases} 1 - e^{-\mu t}, & t \geqslant 0 \\ 0, & t < 0 \end{cases} \tag{2.20}$$

或者说，在$[0, t)$内到达的顾客数 $N(t)$相应的随机过程是泊松过程，即 $N(t)$的概率分布为

$$P(N(t)=k)=\frac{(\lambda t)^k}{k!}e^{-\lambda t},\quad k=0,1,2,\cdots \tag{2.21}$$

(3) 一般独立分布。即 $\{T_n\}$ 中各个 T_n 相互独立，且都具有相同的概率分布。

2.4.3.2　服务机构

关于此要素需要明确的是：服务台的个数、服务台之间的串并联结构（图 2.2)、服务台为每位顾客服务所需的时间 τ_n 的分布情况。

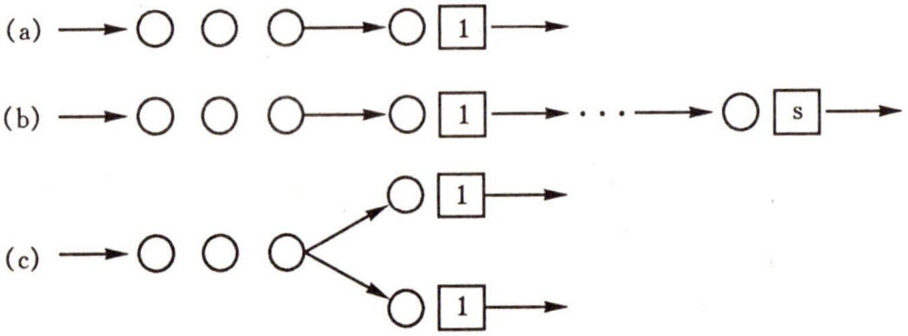

图 2.2　服务机构

下面介绍几种常见的服务时间分布。

(1) 定长分布。每位顾客的服务时间 τ_n 均为常数 β，τ_n 的分布函数为

$$P(\tau_n\leqslant t)=\begin{cases}0, & \tau_n>\beta\\ 1, & \tau_n\leqslant\beta\end{cases} \tag{2.22}$$

(2) 负指数分布 $\{\tau_n\}$ 中各个 τ_n 相互独立，且都服从相同的负指数分布

$$P(T_n\leqslant t)=\begin{cases}0, & t<0\\ 1-e^{-\mu t}, & t\geqslant 0\end{cases} \tag{2.23}$$

(3) 一般独立分布 $\{\tau_n\}$ 中各个 τ_n 相互独立，且都具有相同的概率分布。

2.4.3.3　排队规则

排队规则可描述到达的顾客按照怎样的顺序接受服务。在不同的实际问题中，排队规则是多种多样的。一般可分为损失制、等待制、混合制 3 类。当一位顾客到达时，若所有的服务台均被占用，该顾客自动消失，具有这种特点的排队规则称为损失制。例如，一位顾客到达某一旅馆，如果已经客满，他就会离开这家旅馆到别处投宿。

顾客到达时，若所有的服务台均被占用，顾客将排成队伍等待服务，具有这种特点的排队规则称为等待制。接受服务的次序一般采用先到先服务规则。也可以有其他规则，例如后到先服务、优先权先服务、随机服务（选取等待队列中任一顾客进行服务），等等。本书后面讨论的排队模型都采用"先到先服务"的规则。

混合制是损失制和等待制兼而有之的情况。假定服务系统的容量有限，最多只能容纳 n 个顾客（包括等待和正在接受服务的顾客），那么当顾客到达时，发现服务系统已客满，该顾客将自动消失，否则就进入服务系统，这是一种情况。此外，还可以有顾客等待服务时间有限的情况，即当超过一定时间时，顾客将自动消失。

2.4.4　排队系统的数量指标

对于一个服务系统，一方面是如果服务机构过小而不能满足顾客的需要，就会产生拥挤现象并造成服务质量的下降，因此顾客希望机构大些好；另一方面，如果服务机构过大，则人力、物力等方面的开支要增加，并有可能造成资源的浪费，从这方面分析来看，设置的服务机构过大未必能收到好的效果，因此希望机构小些。研究排队系统的目的就是要在顾客的需要和服务机构的规模之间进行权衡决策，使其达到合理的平衡。

排队论研究的问题大体分为两类。第一类是在服务机构设置之前，根据顾客输入过程与服务过程的要求，通过对排队系统从定性到定量的分析，确定系统的结构模型，建立估计实际系统性能的数量指标，在经综合分析后作出权衡决策，定出服务机构（如电信局、港口码头、机场跑道等）的规模；第二类问题是对已有的服务系统进行定性、定量及综合分析，进行追踪决策，研究对系统进行最优控制的策略，提高系统的服务质量，并使得系统在达到规定质量指标的前提下取得最大的经济效益。

研究上述的两类问题时，必须对系统进行定量的分析。在系统中能够反映系统结构及性能的可用于定量的主要数量指标如下：

队长——系统中的顾客数（包括等待服务的顾客和正在接受服务的顾客）；

等待队长——系统中排队等待的顾客数；

逗留时间——顾客在系统中的排队等待时间与接受服务所用时间之和；

等待时间——顾客在排队等待时所用时间。

这些指标均为随机变量，且依赖于时刻或顾客数。如前所述，这里主要不是研究瞬态过程的数量指标，只对统计平稳状态下的稳态数量指标感兴趣，所以在定量分析排队系统的性能时，通常是指分析系统在平衡状态下的性能。

为了定量分析一般的系统，又引入了下列表示排队模型的符号，用它们建立上述可数量化的指标的数学模型。

这些符号及其定义分别是

λ——单位时间内平均到达的顾客数（平均到达率）；

$\frac{1}{\lambda}$——平均到达间隔时间；

μ——每位顾客的平均服务时间；

S——服务台个数；

ρ——每个服务台的服务强度；

P_j——在统计平衡时，系统中有 j 个顾客的概率；

L——队长的期望值；

L_q——等待队长的期望值；

W——逗留时间的期望值；

W_q——等待时间的期望值。

不同的排队系统具有不同的排队模型，因此需要用一些符号表达不同类型模型的主要特征。这些特征可列为 6 项：输入过程（顾客到达间隔时间的分布）；服务时间的分布；服务台的个数（多个服务台时，假设各个服务台是并联的，每个服务台只对单个顾客进行服务）；系统容量（服务台个数加上可容纳的等待顾客数）；顾客来源的总体数；排队规则。因此，可以用符号表示不同的排队模型，例如，可将上述 6 个特征按顺序用各自的符号列出，并用“/”隔开，即

输入过程/服务时间分布/服务台个数/系统容量/顾客源数/排队规则

由于本章讨论的问题都采用先到先服务的规则，所以在模型的符号表示中不必再列出排队规则的符号。当系

统容量或顾客源无限时，也将它们从模型的符号中省去。

用以表示顾客到达时间间隔分布和服务分布的常用符号有

M——输入过程为最简单流，或服务时间为负指数分布；

D——定长分布；

G——服务时间为一般独立分布。

例如 *M*/*M*/1/1 表示输入过程为最简单流、服务时间为负指数分布、单服务台、系统容量为 1 的损失制排队模型；*M*/*G*/*S*/*K* 表示输入过程为泊松流、服务时间为一般独立分布、*S* 个服务台、系统容量为 *K* 的混合制排队模型。

对于损失制和混合制的排队系统，顾客在到达排队系统时，发现服务台无空或者系统容量已满，就自动消失而不再进入系统。因此，到达的顾客不一定全进入系统。为此，引入有效到达率 λ，它是指单位时间内平均进入系统的顾客人数，而到达率 λ 是指单位时间内平均来到系统的顾客人数（见图 2.3）。

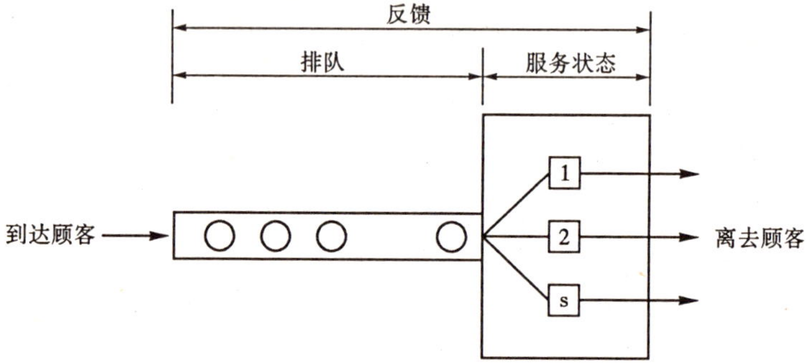

图 2.3　*M*/*G*/*S*/*K* 服务系统

此处可以指出，当排队模型处于平衡状态时，有下面的李特尔公式：

$$L_{\mathrm{q}} = \lambda_{\mathrm{q}} w_{\mathrm{q}} \tag{2.24}$$

$$L = \lambda_{\mathrm{q}} w \tag{2.25}$$

2.4.5　几个排队模型

本节将讨论几个具体的排队系统，这些系统的状态变化过程都属于生灭过程。本节将给出这些系统所对应的排队模型。这些模型的输入过程均为泊松流、服务时间为负指数分布，这些是最常见的排队模型，即单队、并列的多服务台模型的标准情况和特殊情况，利用生灭过程的稳态概率，可得到用以表达这些模型特征的数量指标。

2.4.5.1　$M/M/S$ 排队模型

本模型指的是这样的排队系统：顾客到达服从泊松分布（或到达间隔时间服从负指数分布）；服务时间服从负指数分布；并列的服务台的个数为 $S(S\geqslant 1)$个；系统容量和顾客源数无限；排队规则为先到先服务的等待制排队系统。所以其为 $M/M/S/\infty/\infty$（先到先服务）模型的简写。

当 $S=1$ 时，相应的 $M/M/1$ 可看做 $M/M/S$ 的特殊情况，即 $M/M/1$ 是单服务台的等待制模型。当 $S>1$ 时，$M/M/S$ 为并列多服务台的排队模型。

上面关于系统特点的描述很重要，不具备这些特点的模型不称为 $M/M/S$ 模型。例如当 S 个服务台仍为并联，但在每个服务台前都形成一个等待队列的排队系统，如图 2.4 所示，实际上是 S 个 $M/M/1$ 排队系统，

而不是标准的 $M/M/S$ 模型。

下面先讨论与 $M/M/S$ 系统相应的生灭过程以及此生灭过程的稳态概率，这个概率是所需求出的数量指标之一。

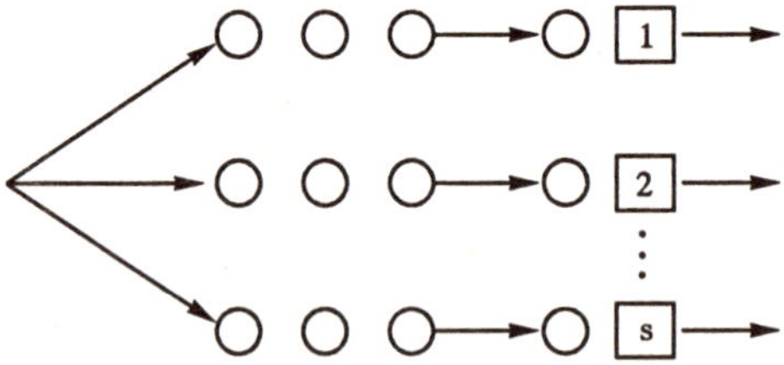

图 2.4 $M/G/S/K$ 服务系统

设到达间隔时间 $\{T_n\}$ 服从的负指数分布为

$$P(T_n \leqslant t) = \begin{cases} 0, & t < 0 \\ 1 - e^{-\lambda t}, & t \geqslant 0 \end{cases} \tag{2.26}$$

服务时间 $\{\tau_n\}$ 服从的负指数分布为

$$P(\tau_n \leqslant t) = \begin{cases} 0, & t < 0 \\ 1 - e^{-\mu t}, & t \geqslant 0 \end{cases} \tag{2.27}$$

其中参数 λ 和 μ 如前所述，就是平均到达率和平均服务率。

用 $\xi(t)$表示在时刻 t 系统内具有的顾客数，它是随机变量，故 $\xi\{(t)\}$是一个随机过程，其状态集为 $I=\{0, 1, 2, \cdots\}$。这个随机过程可看做是一个生灭过程(视顾客到达为“生”，离去为“灭”)。因此输入过程为 λ 的最简单流（具有独立增量性和平稳性），故在 Δt 时间内到达一位顾客的概率可写成

$$\begin{aligned} P(\xi(\Delta t)) &= 1 - \frac{\lambda \Delta t}{1!} e^{-\lambda \Delta t} = \lambda \Delta t(1 - \lambda \Delta t + o(\Delta t)) \\ &= \lambda \Delta t + o(\Delta t) \end{aligned} \tag{2.28}$$

在输入过程中，负指数分布和泊松分布具有等价性，对于服从负指数分布的服务时间 τ_n 及相应的服务过程也具有此种性质。因此，在 Δt 时间内一个服务台对一个顾客结束服务的概率为 $\mu\Delta t + o(\Delta t)$。如果再作进一步的分析，可推知此生灭过程有如下结果

$$\mu_j = \begin{cases} j\mu, & j = 0,1,2,\cdots \\ S\mu, & j = S+1, S+2,\cdots \end{cases} \tag{2.29}$$

此处关心的是此生灭过程的稳态概率 P_j，现在考虑定理 2.3 的条件。

因此

$$\pi_j = \begin{cases} \dfrac{S_j}{j!}\rho^j, & 1 \leqslant j \leqslant S \\ \dfrac{S^s}{S!}\rho^j, & j > S \end{cases} \tag{2.30}$$

其中

$$\rho = \frac{\lambda}{S\mu} \tag{2.31}$$

因此

$$\sum_{j=0}^{\infty}\pi_j = \sum_{j=0}^{S}\frac{S^j}{j!}\rho^j + \sum_{j=s+1}^{S}\frac{S^s}{S!}\rho^j$$

$$\sum_{j=0}^{\infty}\frac{1}{\lambda\pi_j} = \sum_{j=0}^{S}\frac{1}{\lambda\pi_j} + \sum_{j=S+1}^{\infty}\frac{1}{\lambda\pi_j}$$

$$= \frac{1}{\lambda}\sum_{j=0}^{S}\frac{j!}{\rho^j S^j} + \frac{S!}{\lambda S^S}\sum_{j=S+1}^{\infty}\frac{1}{\rho^j} \tag{2.32}$$

故当 $\rho<1$ 时，

$$\sum_{j=0}^{\infty}\pi_j < +\infty, \sum_{j=0}^{\infty}\frac{1}{\lambda_j\pi_j} = +\infty$$

定理 2.3 的条件得到满足，于是当 $\rho<1$ 时，由定理 2.3 的结论便得到了此系统的稳态概率

$$P_0 = \left(\sum_{j=0}^{\infty}\pi_j\right)^{-1} = \left(\sum_{j=0}^{S-1}\left(\frac{(S\rho)^j}{j!} + \frac{(S\rho)^S}{S!}\cdot\frac{1}{1-\rho}\right)\right)^{-1} \tag{2.33}$$

$$P_j = \pi_j P_0 = \begin{cases} \dfrac{(S\rho)^j}{j!}P_0, & 1 \leqslant j \leqslant S \\ \dfrac{S^S\rho^j}{S!}P_0, & j > S \end{cases} \tag{2.34}$$

有了 $M/M/S$ 模型的稳态概率 $P_j(j=0,\ 1,\ 2,\ \cdots)$ 这个指标，便可得到系统在平衡状态下的队长期望值 L，等待队长期望值 L_q 以及 W，W_q 等指标的计算公式。

由 L 及 L_q 的定义，可得

$$L = \sum_{j=0}^{\infty} j \cdot p_j = S\rho + \frac{\rho}{(1-\rho)^2}\cdot p_S \tag{2.35}$$

$$L_q = \sum_{j=0}^{\infty} j \cdot p_{S+j} = \frac{\rho}{(1-\rho)^2}\cdot p_S \tag{2.36}$$

另两个数量指标是 W 和 W_q，因为排队系统处于平衡状态，由式（2.34）和式（2.35）以及模型的等待制，可知到达系统的顾客将全部进入系统。即 $\lambda_e=\lambda$，所以

$$L = \lambda_e \cdot W = \lambda \cdot W$$

$$L_q = \lambda_e W_q = \lambda \cdot W_q$$

故

$$W = \frac{1}{\lambda}L = \frac{1}{\mu} + \frac{\rho}{\lambda(1-\rho)^2}P_S \tag{2.37}$$

$$W_q = \frac{1}{\lambda}L_q = \frac{\rho}{\lambda(1-\rho)^2}P_S \tag{2.38}$$

特别地，当 $S=1$ 时，对于 $M/M/1$ 模型的指标，当 ρ

$=\dfrac{\lambda}{\mu}<1$ 时，由式(2.38)可得 $P_0=\left(1+\dfrac{\rho}{1-\rho}\right)^{-1}=1-\rho$，故有

$$\begin{cases} p_0 = 1-\rho, \\ p_j = (1-\rho)\cdot\rho^j, \end{cases} \quad j=1,2,\cdots \tag{2.39}$$

且

$$L_q = \frac{\lambda^2}{\mu(\mu-\lambda)} = \frac{\rho^2}{1-\rho} \tag{2.40}$$

$$L = \frac{\lambda}{\mu-\lambda} = \frac{\rho}{1-\rho} \tag{2.41}$$

$$W_q = \frac{\lambda}{\mu-\lambda} = \frac{\rho}{\mu(1-\rho)} \tag{2.42}$$

$$W = \frac{1}{\mu-\lambda} = \frac{1}{\mu(1-\rho)} \tag{2.43}$$

2.4.5.2　一般服务时间的 $M/G/1$ 排队模型

前面的 3 个排队模型均是泊松输入过程，服务时间服从负指数分布的排列系统。现在将服务时间服从的分布形式予以扩大，不作任何限制，即服从任何一个分布均可，无论这种分布是否能写出分布函数的关系式。

$M/G/1$ 模型是单服务台的等待排队系统，输入过程为泊松过程，而各顾客的服务时间是相互独立且具有相同分布的随机变量。

假定输入过程是以 λ 为参数的泊松过程，服务时间 τ_n 的期望值和方差分别为 $E(\tau_n)=\dfrac{1}{\mu}$ 和 $D(\tau_n)$，服务强度为 $\rho=\dfrac{\lambda}{\mu}$。当 $\rho<1$ 时，可得稳态下的结论：

$$P_0 = 1-\rho \tag{2.44}$$

$$L = \rho + \frac{\rho^2+\lambda^2 D(\tau_n)}{2(1-\rho)} \tag{2.45}$$

$$L_{\mathrm{q}} = \frac{\rho^2 + \lambda^2 D(\tau_n)}{2(1-\rho)} \tag{2.46}$$

应用式(2.14) 及式(2.15) 还可得稳态下的

$$W = \frac{L}{\lambda}, \quad W_{\mathrm{q}} = \frac{L_{\mathrm{q}}}{\lambda} \tag{2.47}$$

2.5 运用排队论思想的 4 种调度策略分析

在传统网络当中，网络传输体系是尽力而为方式的，随着 Internet 的迅猛发展，特别是多媒体业务的增加，使这种体系的弊端逐渐暴露出来，已经无法满足人们对网络的性能和业务多样化的需要。人们对服务质量（QoS）的要求日益增加，QoS 技术成为当今网络技术的一个新热点。在 QoS 技术当中，包括很多方面，为了保证一定的 QoS 指标（丢包率、延迟、抖动等），需要进行多方面的技术协作（拥塞控制、拥塞回避、排队调度等），其中调度策略是网络 QoS 管理当中十分重要的一部分，不同调度策略的应用会产生不同服务质量，在网络的 QoS 管理中，常用的调度策略有 PQ，WFQ，CBWFQ，LLQ 等。对这些调度策略的实现机制有很多文献进行了论述[1,2]，但是对这些策略的定量分析却相对较少，本书根据排队论的思想对这些调度策略进行了分析，说明了它们对网络数据流的 QoS 性能指标的影响，并对其进行了仿真研究。

2.5.1 PQ 调度策略的分析

2.5.1.1 PQ 调度策略介绍

优先权排队（PQ）调度策略允许为网络流量定义 4 个队列。这些队列的优先权分别为高、中、普通、低，路由器严格按照它们的优先级来处理队列。如果在高优先权队列中有数据包，这个队列将被处理一直到它为空，一旦高优先权队列为空，路由器转向中级优先权队列，处理一个包，很快，路由器又检查高优先权队列，检查它是否为空。如果是，它会继续处理中级优先权排队，依此类推，然后是普通级，最后是低级。在一个低优先权队列中的数据包得到服务之前，所有 3 个高、中、普通优先权队列必须完全为空。优先权排队能够对网络流量进行很多的控制。但是，当更高优先级队列里有太多的数据包时，就会使低优先级队列里的数据包得不到服务，这就会造成“队列饥荒”。为了防止这种现象的发生，必须仔细地对流量进行分类，尽量保证在高优先权队列得到高质量服务的同时，使网络服务更加公平。

2.5.1.2 PQ 调度策略的排队分析

列的平均长度为

$$E(L_i) = \frac{\lambda_i \rho_i (1 + v_i^2)}{2C_i(1 - \rho_i)}$$

在各个队列的权重设定当中，从上面对 PQ 调度策略的介绍可以知道，PQ 调度符合非抢占优先级排队规则。可以设有 4 类不同优先权的输入流，第 $i(i \in \{1, 2, 3, 4\})$类输入流的优先权高于第 $i+1$ 类，分别对应高、中、普通、低排队。并且假设第 i 类流数据包的到达过程为 $\{N_i(t), t \geqslant 0\}$，其输入符合参数为 λ_i 的泊松分布，处理器对每个数据包的处理时间为 S_i，同类流数据包的处理时间具有相同的分布，$E(S_i) = 1/\mu_i$，$D(S_i) = \sigma_i^2$，则流的强度为 $\rho_i = \dfrac{\lambda_i}{\mu_i}$。

设 $\lambda = \sum_{i=1}^{n} \lambda_i$，$\rho_i = \dfrac{\lambda_i}{\mu_i}$，$\rho = \sum_{i=1}^{n} \rho_i$，$i \in \{1,2,3,4\}$，且 W_i 为第 i 类流数据包的等待时间，x_{iq} 为新数据包到达时第 i 类流的排队长。当 $\rho<1$ 时，系统可以达到稳态。一个第一类流数据包的等待时间由两部分组成：一部分是系统的剩余服务时间 R_0，当它到达时如果系统中有数据包接受服务，则 $R_0>0$，否则 $R_0=0$；另一部分为其到达时系统中所有第一类的服务时间之和，即 $\sum_{j=1}^{x_{1q}} S_{1j}$，其中，$S_{1j}$是第一类第 j 个数据包的服务时间，设 η_i 为第 i 类流数据包的剩余服务时间，由剩余寿命极限分布理论可知：

$$E(\eta_i) = E(S_i) = \frac{E(S_i^2)}{2E(S_i)} = \frac{\mu_i E(S_i^2)}{2}, \quad i \in \{1,2,3,4\} \tag{2.48}$$

任意时刻到达的数据包属于第 i 类流的概率为$\dfrac{\lambda_i}{\lambda}$，即系统为第 i 类流服务的概率为$P\{S = S_i\} = \dfrac{\lambda_i}{\lambda}$，其中 S 为系统的服务时间，所以系统被占用的概率为

$$\begin{aligned}\lambda E(S) &= \lambda \sum_{i=1}^{n} E(S \mid S = S_i) P\{S = S_i\} \\ &= \lambda \sum_{i=1}^{n} E(S_i) P\{S = S_i\}\end{aligned}$$

$$= \lambda \sum_{i=1}^{n} \frac{1}{\mu_i} \cdot \frac{\lambda_i}{\lambda} = \rho$$

可得

$$E(S) = \frac{\rho}{\lambda} = \frac{1}{\lambda} \sum_{i=1}^{n} \rho_i \tag{2.49}$$

$$E(S^2) = \sum_{i=1}^{n} E(S^2 \mid S = S_i) P\{S = S_i\}$$

$$= \sum_{i=1}^{n} \left(\sigma_i^2 + \frac{1}{\mu_i^2} \right) \frac{\lambda_i}{\lambda} \tag{2.50}$$

因此，在第一类数据流到达时，系统正在服务数据包的剩余服务时间的均值为

$$E(R_0) = \rho E(R_0 \mid \text{系统正在服务}) = \rho \frac{E(S^2)}{2E(S)}$$

$$= \frac{1}{2} \sum_{i=1}^{n} \left(\lambda_i \sigma_i^2 + \frac{\rho_i}{\mu_i} \right)$$

$$= \sum_{i=1}^{n} \frac{\lambda_i E(S_i^2)}{2} = \sum_{i=1}^{n} \rho_i E(\eta_i) \tag{2.51}$$

由于 $W_1 = R_1 + \sum_{j=1}^{x_{1q}} S_{1j}$，由李特尔公式得

$$E(W_1) = E(R_0) + E(x_{1q}) E(S_1)$$

$$= E(R_0) + \frac{1}{\mu_1} E(x_{1q})$$

$$= E(R_0) + \rho E(W_1) = \frac{E(R_0)}{1 - \rho_1} \tag{2.52}$$

对第二类流数据包而言

$$W_2 = R_0 + \sum_{j=1}^{x_{1q}} S_{1j} + \sum_{j=1}^{x_{2q}} S_{2j} + \sum_{j=1}^{N_1(W_G)} \theta_{1j} \tag{2.53}$$

其中

$$W_G = R_0 + \sum_{j=1}^{x_{1q}} S_{1j} + \sum_{j=1}^{x_{2q}} S_{2j} \tag{2.54}$$

R_0 为第二类流数据包到达时系统的剩余服务时间，$\sum_{j=1}^{x_{2q}} S_{2j}$ 为系统中第二类流的工作量，与 $\sum_{j=1}^{x_{1q}} S_{1j}$ 类似，θ_{11}，θ_{12}，θ_{13}，… 相互独立，且与 θ_1 同分布。θ_1 是在第二类流数据包在等待服务期间，系统中又到达的第一类流数据包处理时间。

将式（2.54）代入式（2.53）得

$$W_2 = W_G + \sum_{j=1}^{N_1(W_G)} \theta_{1j}$$

因为

$$\begin{aligned} E(W_G) &= E(R_0) + \rho_1 E(W_1) + \rho_2 E(W_2) \\ &= \frac{E(R_0)}{1-\rho_1} + \rho_2 E(W_2) \end{aligned}$$

$$\begin{aligned} E\left(\sum_{j=1}^{N_1(W_G)} \theta_{1j}\right) &= \lambda_1 E(W_G) E(\theta_1) \\ &= \frac{\lambda_1 E(W_G)}{\mu_1 - \lambda_1} \\ &= \frac{\rho_1 E(W_G)}{1-\rho_1} \\ &= \frac{\rho_1}{(1-\rho_1)^2} E(R_0) + \frac{\rho_1 \rho_2 E(W_2)}{1-\rho_1} \end{aligned}$$

所以

$$E(W_2) = \frac{E(R_0)}{(1-\rho_1)^2} + \frac{\rho_2 E(W_2)}{1-\rho_1}$$

即

$$E(W_2) = \frac{1}{(1-\rho_1)(1-\rho_1-\rho_2)} E(R_0) \tag{2.55}$$

依此类推，可以证明

$$E(W_j) = \frac{E(R_0)}{\left(1 - \sum_{i=1}^{j-1}\rho_i\right)\left(1 - \sum_{i=1}^{j}\rho_i\right)},$$
$$j \in \{1,2,3,4\} \tag{2.56}$$

由李特尔公式

$$E(x_{jq}) = \lambda_j E(W_j) = \frac{\lambda_j E(R_0)}{\left(1 - \sum_{i=1}^{j-1}\rho_i\right)\left(1 - \sum_{i=1}^{j}\rho_i\right)},$$
$$j \in \{1,2,3,4\} \tag{2.57}$$

因此，第三类流的平均等待时间和队列长度分别为

$$E(W_3) = \frac{E(R_0)}{\left(1 - \sum_{i=1}^{2}\rho_i\right)\left(1 - \sum_{i=1}^{3}\rho_i\right)} \tag{2.58}$$

$$E(x_{3q}) = \frac{\lambda_3 E(R_0)}{\left(1 - \sum_{i=1}^{2}\rho_i\right)\left(1 - \sum_{i=1}^{3}\rho_i\right)} \tag{2.59}$$

第四类流的平均等待时间和队列长度分别为

$$E(W_4) = \frac{E(R_0)}{\left(1 - \sum_{i=1}^{3}\rho_i\right)\left(1 - \sum_{i=1}^{4}\rho_i\right)} \tag{2.60}$$

$$E(x_{4q}) = \frac{\lambda_4 E(R_0)}{\left(1 - \sum_{i=1}^{3}\rho_i\right)\left(1 - \sum_{i=1}^{4}\rho_i\right)} \tag{2.61}$$

当一个队列中的数据包为定长时，各类流数据包中 $E(S_i) = 1/\mu_i$，$D(S_i) = 0$。根据式（2.48）和式（2.52），可得

$$\begin{aligned} E(R_0) &= \sum_{i=1}^{n}\rho_i E(\eta_i) \\ &= \sum_{i=1}^{n}\rho_i \frac{\mu_i E(S_i^2)}{2} \end{aligned}$$

$$= \sum_{i=1}^{n} \frac{\lambda_i}{2\mu_i^2} \tag{2.62}$$

因此

$$E(W_j) = \frac{\sum_{i=1}^{n} \frac{\lambda_i}{2\mu_i^2}}{\left(1 - \sum_{i=1}^{j-1} \rho_i\right)\left(1 - \sum_{i=1}^{j} \rho_i\right)}, \quad j \in \{1,2,3,4\} \tag{2.63}$$

$$E(x_{jq}) = \frac{\lambda_j \sum_{j=1}^{n} \frac{\lambda_i}{2\mu_i^2}}{\left(1 - \sum_{i=1}^{j-1} \rho_i\right)\left(1 - \sum_{i=1}^{j} \rho_i\right)}, \quad j \in \{1,2,3,4\} \tag{2.64}$$

为了避免“队列饥荒”现象，可以在队列的数据流分类的过程当中，按照上面提到的算法，对各个队列的长度和数据包等待时间进行分析计算，得到各队列合理的数据包输入参数，从而根据这些参数以及各个流的 QoS 指标，对数据流进行合理的分配。

2.5.2 WFQ 调度策略的分析

2.5.2.1 WFQ 调度策略介绍

加权公平队列（WFQ）首先对数据包按流进行分类，每一个流被分配到一个队列。在发送数据包时，WFQ 根据报文分类时设置的流优先级来分配每个流应占有出口的带宽。优先级的数值越小，所得的带宽越少；优先级的数值越大，所得的带宽越多。在拥塞发生时，它能保证数据流能公平地得到一定的带宽占用，减少这个网络的时延，并当流的数量减少时，能自动增加现存流可占的带宽。WFQ 是一个简单的、动态的排队机制，与 PQ 排队策略不同，WFQ 可以动态地适应网络里的变化，因此，它成为给每个用户提供相应级别服务的一个简单有效的方法。

2.5.2.2　WFQ 调度策略的排队分析

在 WFQ 中，数据流按一定规则分类，每一个种类的流被输入不同的队列，系统按照优先级为每个队列分配不同的带宽，设有 n 个不同的队列，每个队列被分配的优先级值为 W_i，$i=1, 2, \cdots, n$，设每种流数据包的输入符合参数为 λ_i 的泊松分布，系统的总带宽为 C。在稳态情况下，系统对各个队列的带宽分配为

$$C_i = \frac{CW_i}{\sum_{i=1}^{n} W_i}, \quad i = 1,2,\cdots,n \tag{2.65}$$

假设每个队列过程为 $M/G/1$ 模型，根据 Pollczek-Khintchine 公式，第 i 类流数据包在系统中的平均逗留时间为

$$E(T_i) = \frac{\rho_i(1 + v_i^2)}{2C_i(1 - \rho_i)} \tag{2.66}$$

其中，$\rho_i = \dfrac{\lambda_i}{C_i}$ 为系统服务强度；v_i 为第 i 类流服务的偏离系数，即如果数据包的服务时间 X_i 服从 $P\{X_i = x_i\}$ 的概率分布，均值为 $E(X_i)$，方差为 $D(X_i)$，则偏离系数为 $v_i = \dfrac{D(X_i)}{E^2(X_i)}$。由此可知指数分布的偏离系数为 1，均匀分布的偏离系数为 0。

根据李特尔公式可知各个队流所需要的符合 QoS 要求的带宽，再根据式（2.65）计算出各个队列所需要的

权重。

WFQ 调度机制保证了接入流的公平性，它在低速网络中应用会得到比较好的效果。

2.5.3 CBWFQ 和 LLQ 调度策略的分析

2.5.3.1 CBWFQ 调度策略的分析

基于类别的加权公平排队策略（CBWFQ）是对 WFQ 的一个扩展，WFQ 的优点是保证了数据流在网络调度中的公平性，当负载过多时会出现实时性数据包得不到保证的情况。CBWFQ 克服了这一问题，在这种调度策略当中，部分数据流被分配了固定的带宽，确保了数据流的实时性，而剩余部分的数据流则按照 WFQ 规则进行调度。其性能分析基本与 WFQ 的分析方法相同，但首先要把优先级高的数据流所占用的带宽去掉，用剩余的带宽对剩余的数据流进行 WFQ 方式的分析。这种调度机制的好处是结合了 RSVP 和 Interserv 的方法，保证了实时数据流的服务质量，并且实现起来相对简单。但缺点也是明显的，为某些数据流分配固定带宽会使网络的利用率降低。

2.5.3.2 LLQ 调度策略的分析

低延迟排队（LLQ）调度策略是前面所说的 PQ 和 CBWFQ 的结合，在 LLQ 调度策略当中，系统建立一个严格优先权队列，剩余队列则按照 CBWFQ 规则进行排队。对 LLQ 的排队分析，假设具有严格优先权的数据流以参数为 λ_i 的泊松分布输入，可以首先按照具有两个优先级的 PQ 调度系统进行分析，根据式（2.56）和式（2.57），得出第一类流的队列长度、等待时间。从而可以计算出具有严格优先权的数据流所占用的带宽比例，再利用剩余带宽按照 CBWFQ 调度规则对其他流进行分析。

LLQ 调度策略保证了一条绝对优先的链路，可以使具有绝对实时性要求并对抖动敏感的流得到 QoS 保证。

2.6　建模及仿真

2.6.1　建立模型

2.6.1.1　建立排队模型及其参数设定

建立排队模型为本设计的难点。建立一个路由器模型，在这个时间周期里，首先要按照泊松分布概率，随机的出现 4 种优先权分别为高、中、普通、低的数据包。例如这个时间周期里有几十个数据包，在路由器里把它们按优先级排成一队，按不同的调度策略处理前面几个，再按泊松分布概率随机地出现 4 种优先权分别为高、中、普通、低的数据包，把前面剩下的和新来的排队，这个时间周期完毕。再开始下一个时间周期，如此循环，如图 2.5 所示。

在图 2.5 中可以看到，原来路由器中有高、中、普通、低的数据包各 1 个，随机来了 2 个高和 2 个低权限的数据包。在路由器中把它们按优先级排成一队，路由器把前面的 4 个也就是 3 个高权限的和 1 个中权限的输出了，而这时又有新的随机到来的数据包，下一个周期又要开始了。这就是路由器最基本的工作原理，也是 PQ 调度策略。

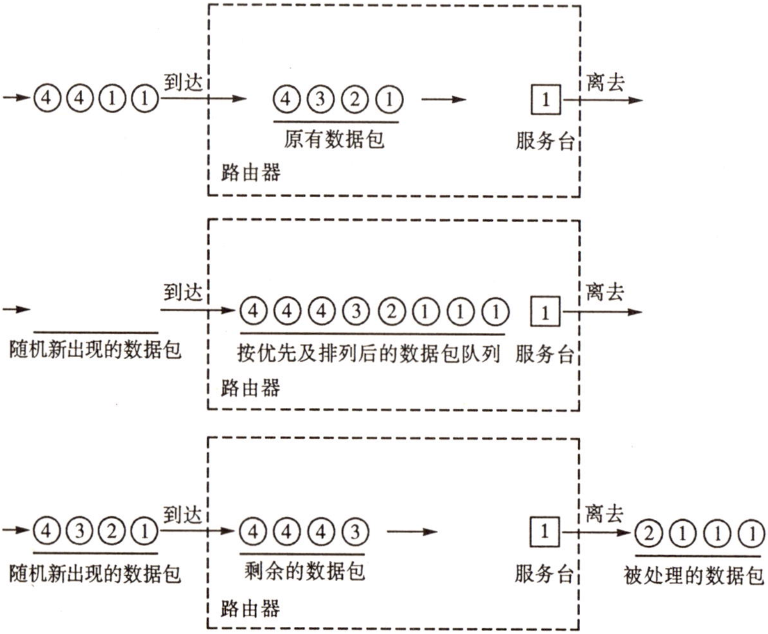

图 2.5　路由器实际调度模型

在系统中输入 4 类数据流，各类流的数据包输入分别服从参数为 $\lambda_1=4$，$\lambda_2=3.8$，$\lambda_3=3.3$，$\lambda_4=2.1$ 的泊松分布；数据包的服务时间分别服从参数为 $\mu=180$，$\mu_2=130$，$\mu_3=140$，$\mu_4=150$ 的负指数分布；各类流的数量分别为 21、8、8、7。第一类流的优先级最高，第四类流的优先级最低。在 WFQ 策略中，4 类流的优先级分别为 6、3、2、1；在 LLQ 策略中第二、三、四类流的优先级分别为 3、2、1。

2.6.1.2　路由器模型及其流程图

路由器模型流程图如图 2.6 所示。解释一下流程图，

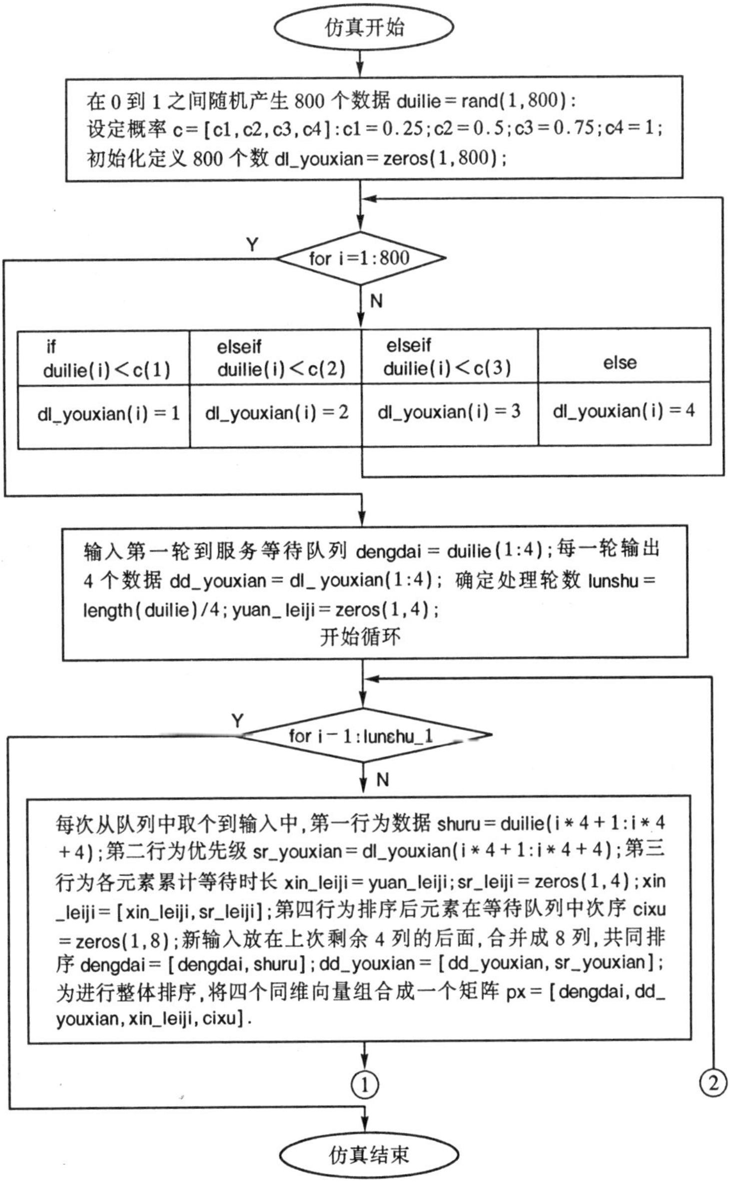
仿真开始
在 0 到 1 之间随机产生 800 个数据 duilie = rand(1,800);
设定概率 c = [c1,c2,c3,c4]:c1 = 0.25;c2 = 0.5;c3 = 0.75;c4 = 1;
初始化定义 800 个数 dl_youxian = zeros(1,800);
for i=1:800
Y
N
if duilie(i) < c(1)
elseif duilie(i) < c(2)
elseif duilie(i) < c(3)
else
dl_youxian(i) = 1
dl_youxian(i) = 2
dl_youxian(i) = 3
dl_youxian(i) = 4
输入第一轮到服务等待队列 dengdai = duilie(1:4);每一轮输出 4 个数据 dd_youxian = dl_ youxian(1:4); 确定处理轮数 lunshu = length(duilie)/4; yuan_ leiji = zeros(1,4);
开始循环
for i - 1:lunshu_1
Y
N
每次从队列中取个到输入中,第一行为数据 shuru = duilie(i * 4 + 1:i * 4 + 4);第二行为优先级 sr_youxian = dl_youxian(i * 4 + 1:i * 4 + 4);第三行为各元素累计等待时长 xin_leiji = yuan_leiji; sr_leiji = zeros(1,4); xin_leiji = [xin_leiji, sr_leiji];第四行为排序后元素在等待队列中次序 cixu = zeros(1,8);新输入放在上次剩余 4 列的后面,合并成 8 列,共同排序 dengdai = [dengdai, shuru]; dd_youxian = [dd_youxian, sr_youxian];为进行整体排序,将四个同维向量组合成一个矩阵 px = [dengdai, dd_youxian, xin_leiji, cixu].
①
②
仿真结束

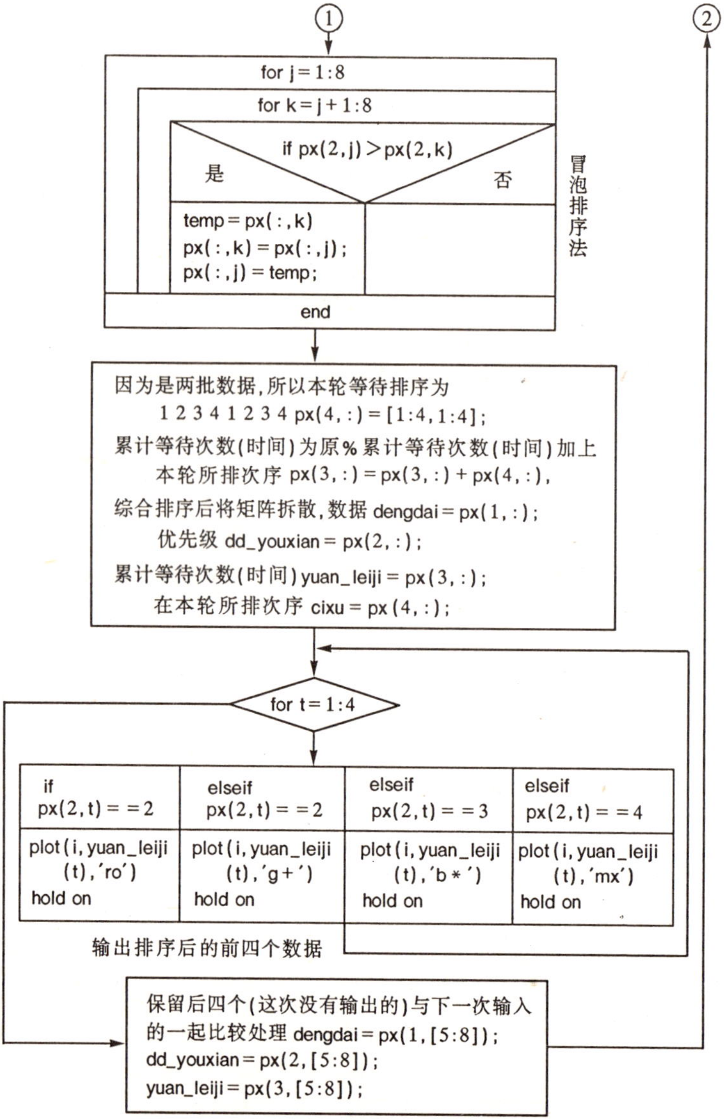

图 2.6 路由器模型流程图

开始在 0 到 1 之间随机产生 800 个点。按概率把它们分成 4 个类也就是 4 种优先级。然后建立一个 8×2.6 的矩阵，这个矩阵的每一行代表一个数据包，一共 8 个数据包。第一列为随机数，第二列为优先级，第三列为累积排队长，第四列为排队次序。然后把这 8 个数用冒泡排序法按第二列的优先级由高到低排成一列。以第一列的随机数为横坐标，第三列为纵坐标输出前 4 个数据包。还剩 4 个数据包，把没有输出的数据包按照各自的排队位置累加在第三列上。再来 4 个数据包，这样又有 8 个数据包，按照上面的做法再排队再输出，如此循环几百次之后，这个程序就走完了。

2.6.2　调度策略的仿真

2.6.2.1　PQ 调度策略的仿真

PQ 调度策略的 MATLAB 仿真程序及注释（1）（图 2.7～图 2.10）。

```
%优先级排队算法程序
%处理队列长度为 8,每轮批输入 4 个,批输出 4 个
%随机产生服务请求队列,含 800 个数据
clear all
clc
duilie = rand(1,800);
%设定概率
%优先级 1,2,3,4 到来的概率依次为
c1 = 0.25;
c2 = 0.5;
c3 = 0.75;
```

```
c4=1;
c=[c1,c2,c3,c4];
%初始化每个数的优先级
dl_youxian=zeros(1,800);
%根据概率设定优先级
for i=1:800
    if duilie(i)<c(1)
        dl_youxian(i)=1;
    elseif duilie(i)<c(2)
        dl_youxian(i)=2;
    elseif duilie(i)<c(3)
        dl_youxian(i)=3;
    else
        dl_youxian(i)=4;
    end
end
%输入第一轮到服务等待队列中
dengdai=duilie(1:4);
dd_youxian=dl_youxian(1:4);
%每一轮输出 4 个数据
%确定处理轮数
lunshu=length(duilie)/4;
yuan_leiji=zeros(1,4);
%开始循环
%画出图形框
figure
for i=1:lunshu_1
    %每次从队列中取个到输入中,第一行为数据
    shuru=duilie(i*4+1:i*4+4);
```

```
%第二行为优先级
sr_youxian = dl_youxian(i * 4 + 1:i * 4 + 4);
%第三行为各元素累计等待时长
xin_leiji = yuan_leiji;
sr_leiji = zeros(1,4);
xin_leiji = [xin_leiji, sr_leiji];
%第四行为排序后元素在等待队列中次序
cixu = zeros(1,8);
%新输入放在上次剩余 4 列的后面,合并成 8 列,共同排
序
dengdai = [dengdai, shuru];
dd_youxian = [dd_youxian, sr_youxian];
%为进行整体排序,将 4 个同维向量组合成一个矩阵
px = [dengdai;dd_youxian;xin_leiji;cixu];
%按优先级数字从小到大排序,1 为最高,4 为最低
%选择法排序
  for j = 1:8
      for k = j + 1:8
         if px(2,j) > px(2,k)
            temp = px(:,k);
            px(:,k) = px(:,j);
            px(:,j) = temp;
         end
      end
end

%冒泡排序法
%排序后,次序
%因为是两批数据,所以本轮等待排序为 1 2 3 4 1 2 3 4
```

```
px(4,:) = [1:4,1:4]
%px(4,:) = 1:8;
%累计等待次数(时间)为原 %累计等待次数(时间)加
上本轮所排次序
px(3,:) = px(3,:) + px(4,:);
%综合排序后将矩阵拆散
%数据
dengdai = px(1,:);
%优先级
dd_youxian = px(2,:);
%累计等待次数(时间)
yuan_leiji = px(3,:);
%在本轮所排次序
cixu = px(4,:);
%yuan_leiji = yuan_leiji + cixu;
 %输出排序后的前 4 个数据
 for t = 1:4
   if px(2,t) = = 1
     plot(i,yuan_leiji(t),'ro')
     hold on
   elseif px(2,t) = = 2
     plot(i,yuan_leiji(t),'g+')
     hold on
   elseif px(2,t) = = 3
     plot(i,yuan_leiji(t),'b*')
     hold on
   elseif px(2,t) = = 4
     plot(i,yuan_leiji(t),'mx')
     hold on
```

```
    end
end
%保留后4个(这次没有输出的)与下一次输入的一起
比较处理
dengdai=px(1,[5:8]);
dd_youxian=px(2,[5:8]);
yuan_leiji=px(3,[5:8])
end
%dengdai=shuru;
%最后一轮的结果输出
i=lunshu;
 for t=1:4
    if px(2,t)==1
       plot(i,px(3,t),'ro')
       hold on
    elseif px(2,t)==2
       plot(i,px(3,t),'g+')
       hold on
    elseif px(2,t)==3
       plot(i,px(3,t),'b*')
       hold on
    elseif px(2,t)==4
       plot(i,px(3,t),'mx')
       hold on
    end
 end
 px
 %end
```

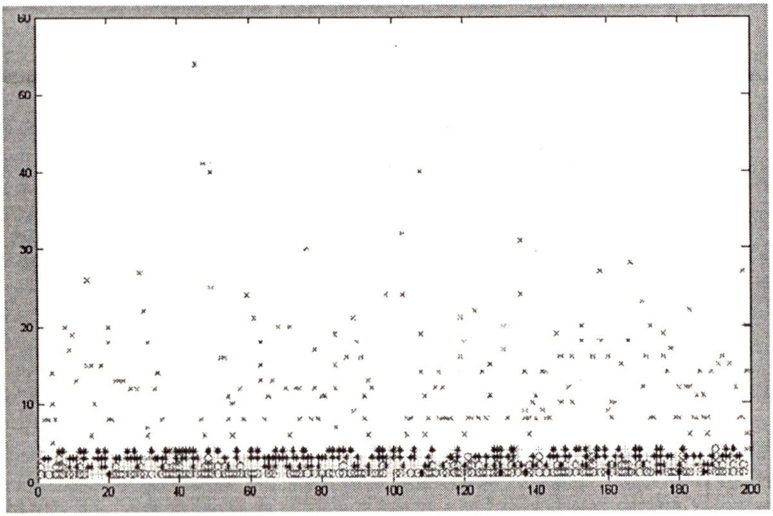

图 2.7 PQ 调度策略（一）

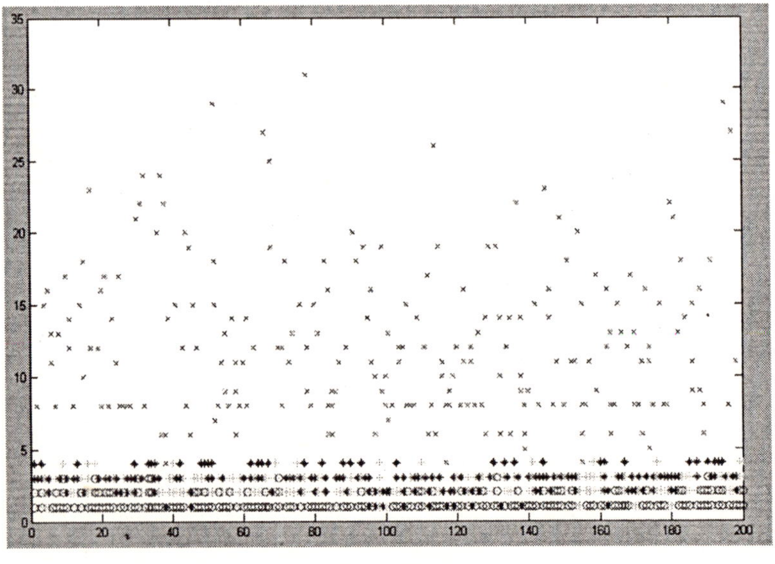

图 2.8 PQ 调度策略（二）

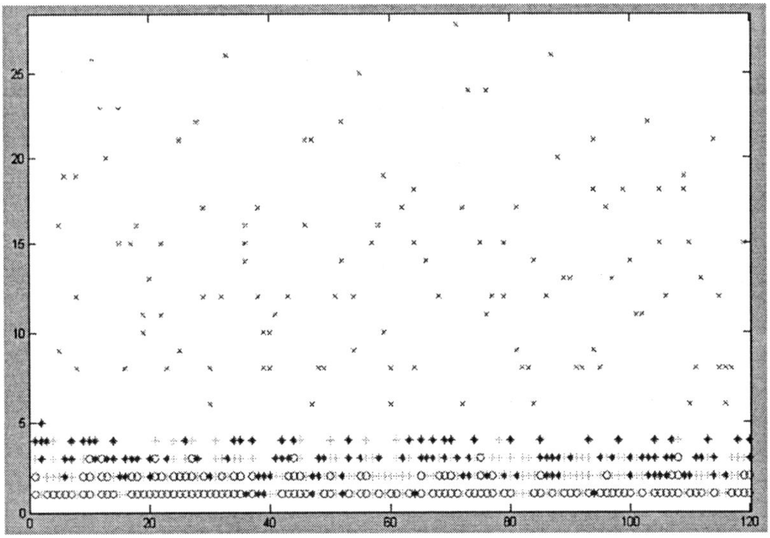

图 2.9　PQ 调度策略（三）

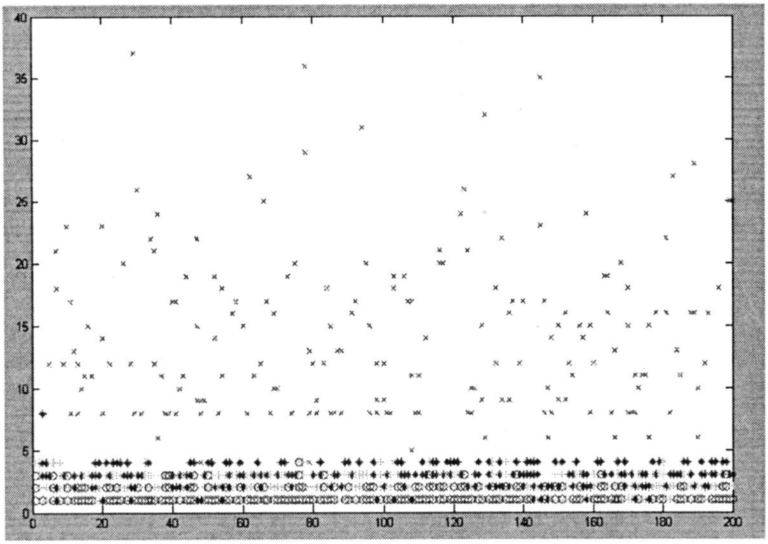

图 2.10　PQ 调度策略（四）

PQ 调度策略的 MATLAB 仿真程序及注释（2）。

```
lamb=[4 3.8 3.3 2.1];
u=[180 130 140 150 ];
s=0;x=0;
for (i=1:4)
    s=s+lamb(i)/(2*u(i)^2);
end
for (i=1:4)
    p(i)=lamb(i)/u(i);
end
for jj=1:4
    if jj= =1
       s1=1;
    elseif jj~ =1
       s1=0;
    for i=1:(jj_1)
       s1=s1+p(i);
    end
       s1=1_s1;
    end
    s2=0;
    for i=1:jj
       s2=s2+p(i);
    end
       s2=1_s2;
E(jj)=s/(s1*s2);
end
y=[4 3.8 3.3 2.1];
```

```
u=[180 130 140 150 ];
s=0;
for (i=1:4)
   s=s+y(i)/(2*u(i)^2);
end
for (i=1:4)
   p(i)=y(i)/u(i);
end
for jj=1:4
   if jj==1
      s1=1;
   elseif jj~=1
      s1=0;
   for i=1:(jj_1)
      s1=s1+p(i);
   end
      s1=1_s1;
   end
   s2=0;
   for i=1:jj
      s2=s2+p(i);
   end
      s2=1_s2;
Eq(jj)=y(jj)*s/(s1*s2);
end
E=x;
%服务时间和排队长公式
%泊松分布
lamb=[4 3.8 3.3 2.1];
```

```
c=[0 0 0 0];
for jj=1:4
    c(jj)=poisspdf(1,lamb(jj));
end
%概率求和
cc=sum(c);
for jj=1:4
    c(jj)=c(jj)/cc;
end
%概率分布
for jj=2:4
    c(jj)=c(jj_1)+c(jj);
end
a=rand(1,200);%%两百个随机点
%噪声信号
t=1:200;
alpha=_0.01;
w=10;
xx=exp((alpha+j*w)*t);
for ii=0:199
    y(ii+1)=xx(200_ii);%%换下标,图像翻转
end
y=imag(y)*50+50;%%取虚部,变换
y
figure(1)%%图 2.11
for i=1:200
    if a(i)<c(1)
      % plot(i,a(i),'*')
      % plot(a(i),i,'*')
```

```
    hold on% %保持前一个点不被擦除
    b(i) = 4;
    plot(i, i * b(i) + y(i), 'o')
    elseif a(i) < c(2)
    % plot(i, a(i), 'o')
    % plot(a(i), i, 'o')
    hold on%保持原来的点不变
  b(i) = 3.8;
  plot(i, i * b(i) + y(i), '+')
  elseif a(i) < c(3)
    % plot(i, a(i), '+')
    % plot(a(i), i, '+')
    hold on
    b(i) = 3.3;
    plot(i, i * b(i) + y(i), '*')
    else
    % plot(i, a(i), 'x')
    % plot(a(i), i, 'x')
    hold on
  b(i) = 3;
  plot(i, i * b(i) + y(i), 'x')
  end
    grid on% %画一个窗格
end
    b;
    figure(2)
    plot(b, '*') %横轴默认为一到二百的 i
```

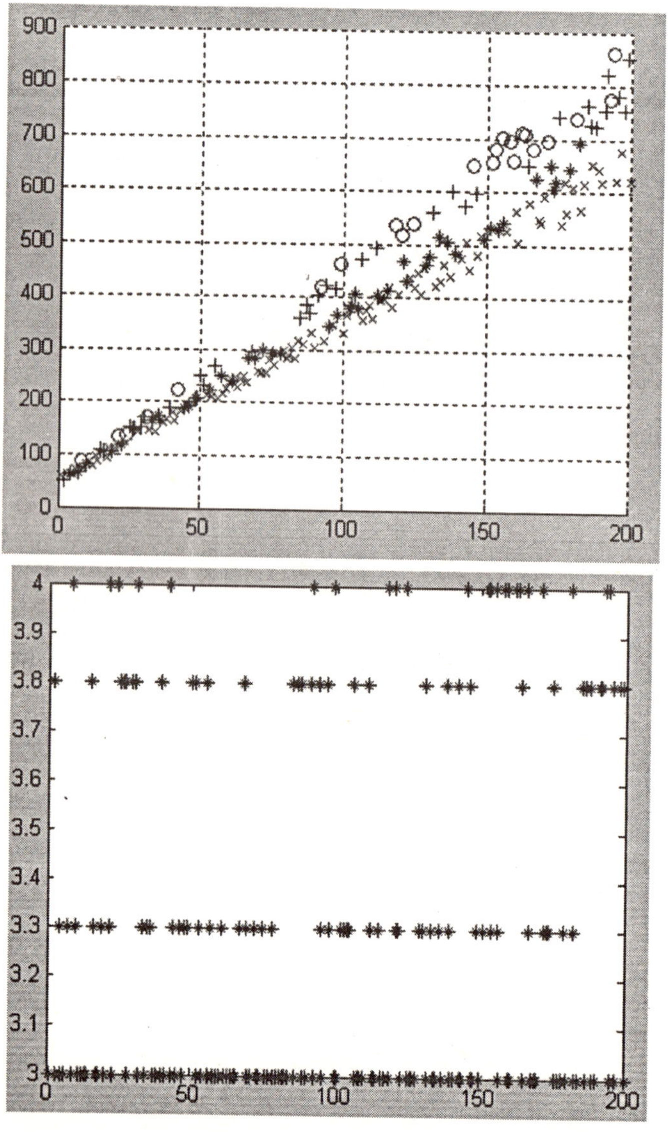

图 2.11　PQ 调度策略（一）

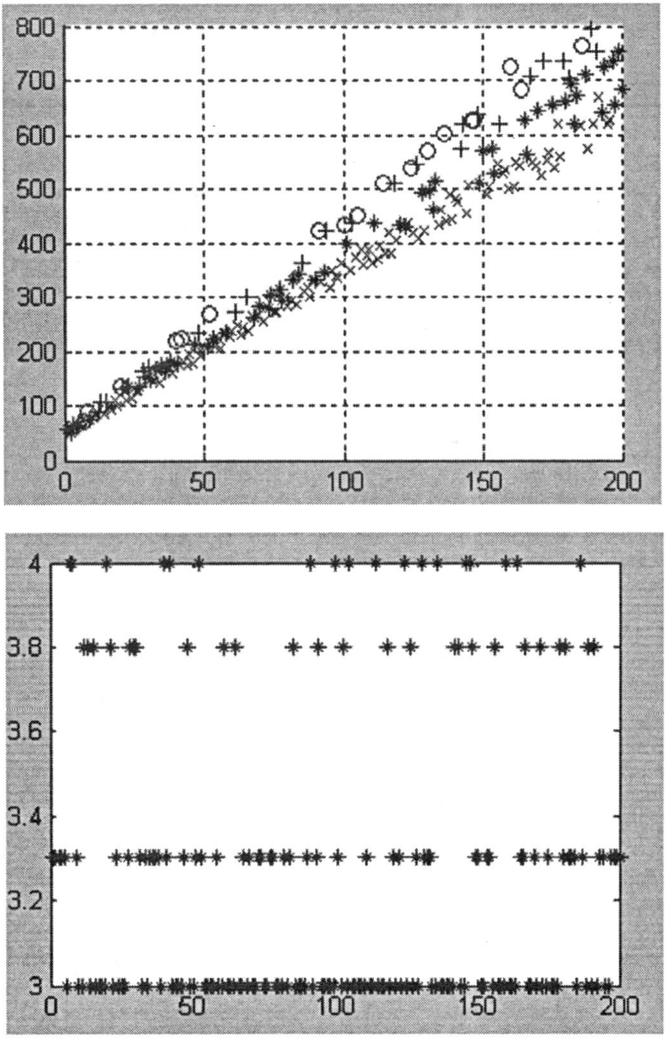

图 2.12　PQ 调度策略（二）

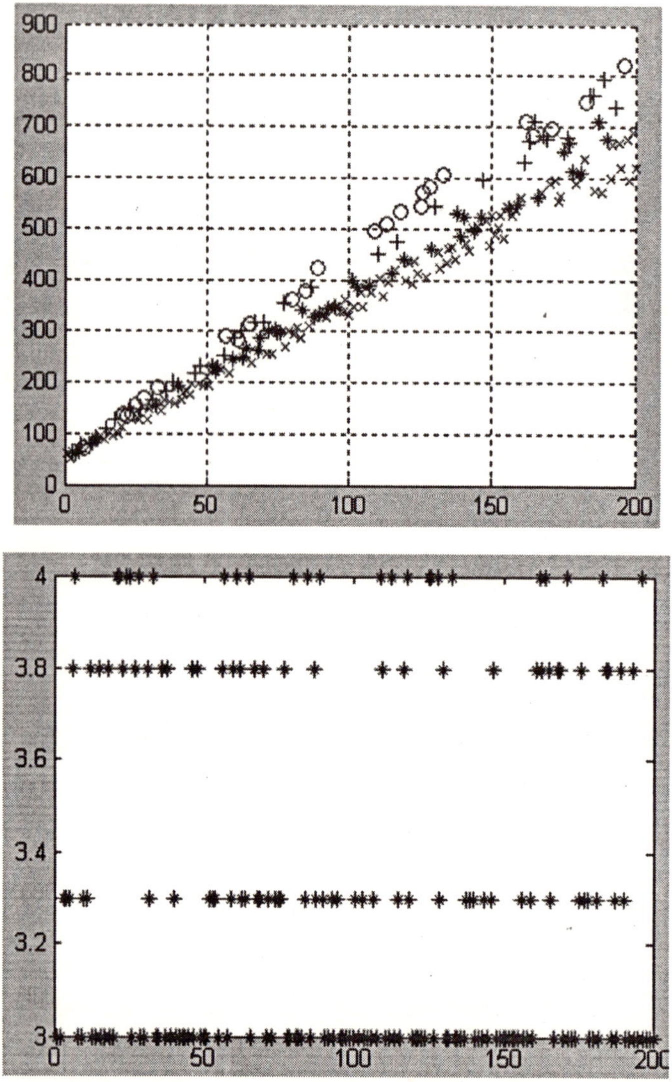

图 2.13 PQ 调度策略（三）

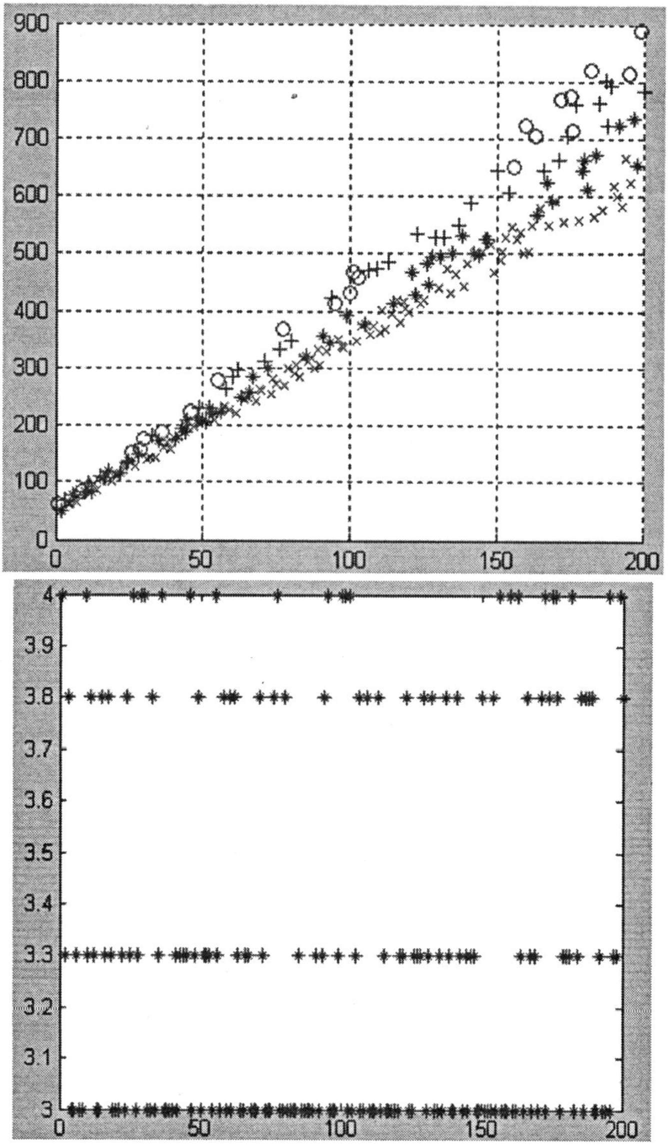

图 2.14　PQ 调度策略（四）

在 PQ 调度策略中，各类流在队列中的平均长度有很大差别，高优先级队列很短（前两类为 0），低优先级队列很长，并且第四类流出现了“队列饥荒”，这表明了 PQ 策略的不公平性。

2.6.2.2 WFQ 与 CBWFQ 调度策略的仿真

```
%优先级排队算法程序
%处理队列长度为 8,每轮批输入 4 个,批输出 4 个
clear all
clc
%随机产生服务请求队列,含 800 个数据
duilie = rand(1,16000);
%设定概率
%优先级 1,2,3,4 到来的概率依次为
c1 = 0.6;
c2 = 0.9;
c3 = 0.98;
c4 = 1;
c = [c1,c2,c3,c4];
%初始化每个数的优先级
dl_youxian = zeros(1,16000);
%dl_youxian = zeros(1,400);
duilie_ch = [];
for i = 1:16000
    if duilie(i) < c(1)
       duilie_ch = [duilie_ch,duilie(i)];
    elseif duilie(i) < c(2)
       duilie_ch = [duilie_ch,duilie(i),duilie(i)];
    elseif duilie(i) < c(3)
       duilie_ch = [duilie_ch,duilie(i),duilie(i),duilie(i)];
```

```
        else
            duilie_ch = [duilie_ch, duilie(i), duilie(i), duilie(i),
duilie(i)];
        end
end
duilie = duilie_ch(1:16000);
%根据概率设定优先级
for i = 1:16000
        if duilie(i) < c(1)
            dl_youxian(i) = 1;
        elseif duilie(i) < c(2)
            dl_youxian(i) = 2;
        elseif duilie(i) < c(3)
            dl_youxian(i) = 3;
        else
            dl_youxian(i) = 4;
        end
end
%输入第一轮到服务等待队列中
dengdai = duilie(1:16);
dd_youxian = dl_youxian(1:16);
%每一轮输出 4 个数据
%确定处理轮数
lunshu = length(duilie)/16;
yuan_leiji = zeros(1,16);
%开始循环
%画出图形框
    figure
for i = 1:lunshu_1
```

```
%每次从队列中取个到输入中,第一行为数据
shuru = duilie(i * 16 + 1:i * 16 + 16);
%第二行为优先级
sr_youxian = dl_youxian(i * 16 + 1:i * 16 + 16);
%第三行为各元素累计等待时长
xin_leiji = yuan_leiji;
sr_leiji = zeros(1,16);
xin_leiji = [xin_leiji, sr_leiji];
%第四行为排序后元素在等待队列中次序
cixu = zeros(1,32);
%新输入放在上次剩余 4 列的后面,合并成 16 列,共同排序
dengdai = [dengdai, shuru];
dd_youxian = [dd_youxian, sr_youxian];
%为进行整体排序,将 4 个同维向量组合成一个矩阵
px = [dengdai; dd_youxian; xin_leiji; cixu];
%按优先级数字从小到大排序,1 为最高,4 为最低
%选择法排序
for j = 1:32
    for k = j + 1:32
        if px(2,j) > px(2,k)
          temp = px(:,k);
          px(:,k) = px(:,j);
          px(:,j) = temp;
        end
    end
end
%冒泡排序法
%排序后,次序
```

```
%因为是两批数据,所以本轮等待排序为 1 2 3 4 1 2 3 4
px(4,:)=[1:16,1:16]
%px(4,:)=1:16;
%累计等待次数(时间)为原 %累计等待次数(时间)加
上本轮所排次序
px(3,:)=px(3,:)+px(4,:);
%综合排序后将矩阵拆散
%数据
dengdai=px(1,:);
%优先级
dd_youxian=px(2,:);
%累计等待次数(时间)
yuan_leiji=px(3,:);
%在本轮所排次序
cixu=px(4,:);
%yuan_leiji=yuan_leiji+cixu;
%输出排序后的前 4 个数据
for t=1:16
    if px(2,t)==1
       plot(i,yuan_leiji(t),'ro')
       hold on
    elseif px(2,t)==2
       plot(i,yuan_leiji(t),'g+')
       plot(i,yuan_leiji(t)+1,'g+')
       hold on
    elseif px(2,t)==3
      plot(i,yuan_leiji(t),'b*')
      plot(i,yuan_leiji(t)+1,'b*')
      %plot(i,yuan_leiji(t)+2,'b*')
```

```
          hold on
        elseif px(2,t) = =4
          plot(i,yuan_leiji(t),'mx')
          plot(i,yuan_leiji(t)+1,'mx')
          plot(i,yuan_leiji(t)+2,'mx')
          plot(i,yuan_leiji(t)+3,'mx')
          hold on
        end
      end
      %保留后 4 个(这次没有输出的)与下一次输入的一起比较处理
      dengdai=px(1,[17:32]);
      dd_youxian=px(2,[17:32]);
      yuan_leiji=px(3,[17:32]);
end
%dengdai=shuru;
%最后一轮的结果输出
i=lunshu;
    for t=1:16
      if px(2,t) = =1
        plot(i,px(3,t),'ro')
        hold on
      elseif px(2,t) = =2
        plot(i,px(3,t),'g+')
        hold on
      elseif px(2,t) = =3
        plot(i,px(3,t),'b*')
        hold on
      elseif px(2,t) = =4
```

```
            plot(i,px(3,t),'mx')
            hold on
        end
    end
    px
```

由图 2.15～图 2.18 可知，在 WFQ 调度策略中，4 类流都得到了公平的服务，但是第一类流的队列变长，损失了一定的实时性。

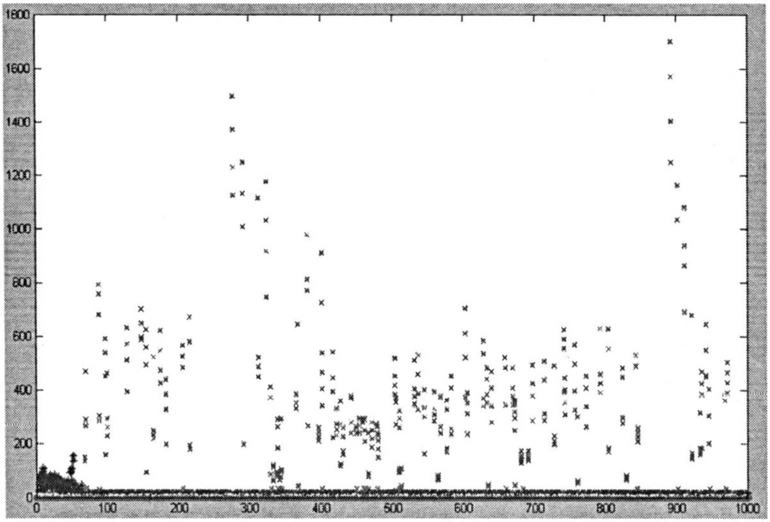

图 2.15　WFQ 与 CBWFQ 调度策略（一）

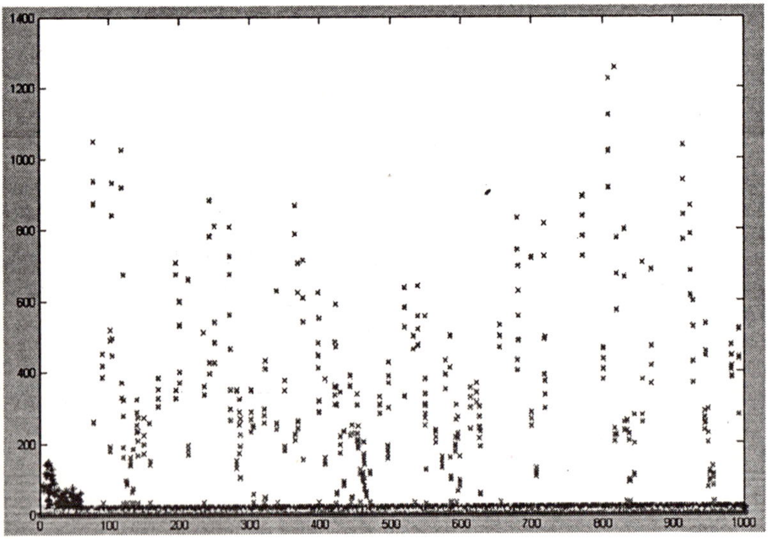

图 2.16 WFQ 与 CBWFQ 调度策略（二）

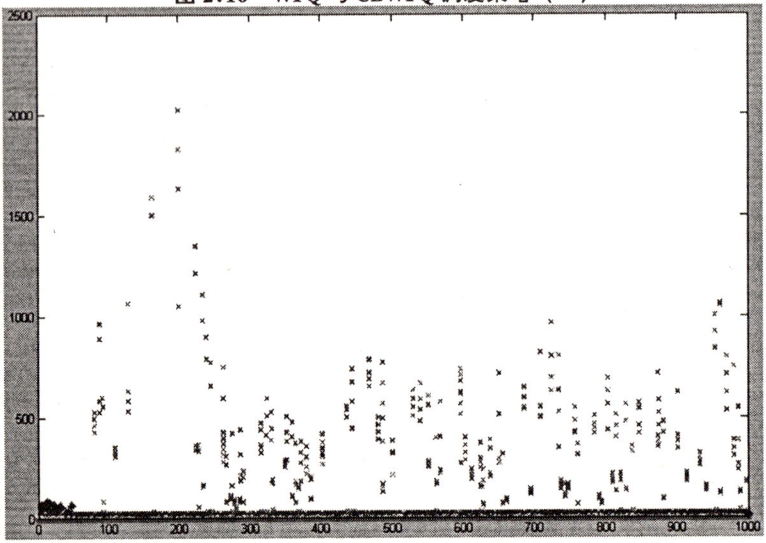

图 2.17 WFQ 与 CBWFQ 调度策略（三）

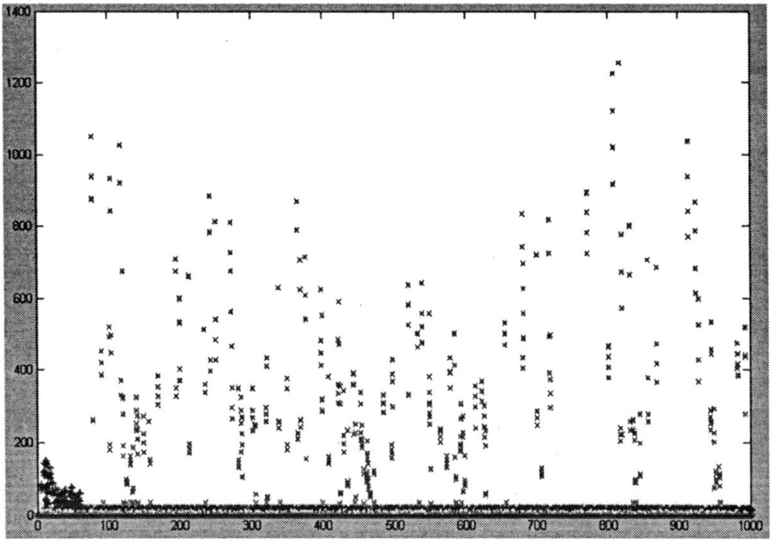

图 2.18　WFQ 与 CBWFQ 调度策略（四）

2.6.2.3　LLQ 调度策略的仿真

```
%优先级排队算法程序
%处理队列长度为32,每轮批输入16个,批输出16个
clear all
clc
%随机产生服务请求队列,含800个数据
duilie = rand(1,16000);
%设定概率
%优先级1,2,3,4到来的概率依次为
c1 = 0.6;
c2 = 0.9;
c3 = 1;
```

```
c=[c1,c2,c3]
%初始化每个数的优先级
dl_youxian=zeros(1,16000);
%按优先级变换数据,产生成组的数据初始值
%三个优先级的
duilie_ch=[];
for i=1:16000
      if duilie(i)<c(1)
         duilie_ch=[duilie_ch,duilie(i)];
      elseif duilie(i)<c(2)
         duilie_ch=[duilie_ch,duilie(i),duilie(i)];
      else
         duilie_ch=[duilie_ch,duilie(i),duilie(i),duilie(i)];
      end
end
duilie=duilie_ch(1:16000);
%根据概率设定优先级
for i=1:16000
      if duilie(i)<c(1)
         dl_youxian(i)=1;
      elseif duilie(i)<c(2)
         dl_youxian(i)=2;
      else
         dl_youxian(i)=3;
      end
end
%输入第一轮到服务等待队列中
dengdai=duilie(1:16);
dd_youxian=dl_youxian(1:16);
```

```
%每一轮输出 4 个数据
%确定处理轮数
lunshu = length(duilie)/16;
yuan_leiji = zeros(1,16);
%开始循环
%画出图形框
    figure
for i = 1:lunshu_1
    %每次从队列中取个到输入中,第一行为数据
    shuru = duilie(i * 16 + 1:i * 16 + 16);
    %第二行为优先级
    sr_youxian = dl_youxian(i * 16 + 1:i * 16 + 16);
    %第三行为各元素累计等待时长
    xin_leiji = yuan_leiji;
    sr_leiji = zeros(1,16);
    xin_leiji = [xin_leiji, sr_leiji];
    %第四行为排序后元素在等待队列中次序
    cixu = zeros(1,32);
    %新输入放在上次剩余 4 列的后面,合并成 16 列,共
    同排序
    dengdai = [dengdai, shuru];
    dd_youxian = [dd_youxian, sr_youxian];
    %为进行整体排序,将 4 个同维向量组合成 1 个矩阵
    px = [dengdai;dd_youxian;xin_leiji;cixu];
    %按优先级数字从小到大排序,1 为最高,4 为最低
    %选择法排序
    for j = 1:32
       for k = j + 1:32
          if px(2,j) > px(2,k)
```

```
            temp = px(:,k);
            px(:,k) = px(:,j);
            px(:,j) = temp;
        end
    end
end
%冒泡排序法
%排序后,次序
%因为是两批数据,所以本轮等待排序为 1 2 3 4 1 2
3 4
px(4,:) = [1:16,1:16]
%px(4,:) = 1:16;
%累计等待次数(时间)为原 %累计等待次数(时间)
加上本轮所排次序
px(3,:) = px(3,:) + px(4,:);
%综合排序后将矩阵拆散
%数据
dengdai = px(1,:);
%优先级
dd_youxian = px(2,:);
%累计等待次数(时间)
yuan_leiji = px(3,:);
%在本轮所排次序
cixu = px(4,:);
%yuan_leiji = yuan_leiji + cixu;
%输出排序后的前 4 个数据
for t = 1:16
    if px(2,t) = = 1
        plot(i,yuan_leiji(t),'g+')
```

```
            hold on
          elseif px(2,t) = =2
            plot(i,yuan_leiji(t),'b * ')
            plot(i,yuan_leiji(t) +1,'b * ')
            hold on
          elseif px(2,t) = =3
           plot(i,yuan_leiji(t),'mx')
           plot(i,yuan_leiji(t) +1,'mx')
           plot(i,yuan_leiji(t) +2,'mx')
           hold on
          elseif px(2,t) = =4
           plot(i,yuan_leiji(t),'ro')
           plot(i,yuan_leiji(t) +1,'ro')
           plot(i,yuan_leiji(t) +2,'ro')
           plot(i,yuan_leiji(t) +3,'ro')
           hold on
          end
      end
      %保留后 4 个(这次没有输出的)与下一次输入的一
      起比较处理
      dengdai=px(1,[17:32]);
      dd_youxian=px(2,[17:32]);
      yuan_leiji=px(3,[17:32]);
end
%dengdai=shuru;
%最后一轮的结果输出
i=lunshu;
    for t=1:16
         if px(2,t) = =1
```

```
            plot(i,px(3,t),'g+')
            hold on
        elseif px(2,t)==2
            plot(i,px(3,t),'b*')
            hold on
        elseif px(2,t)==3
            plot(i,px(3,t),'mx')
            hold on
        elseif px(2,t)==4
            plot(i,px(3,t),'ro')
            hold on
        end
    end
px
```

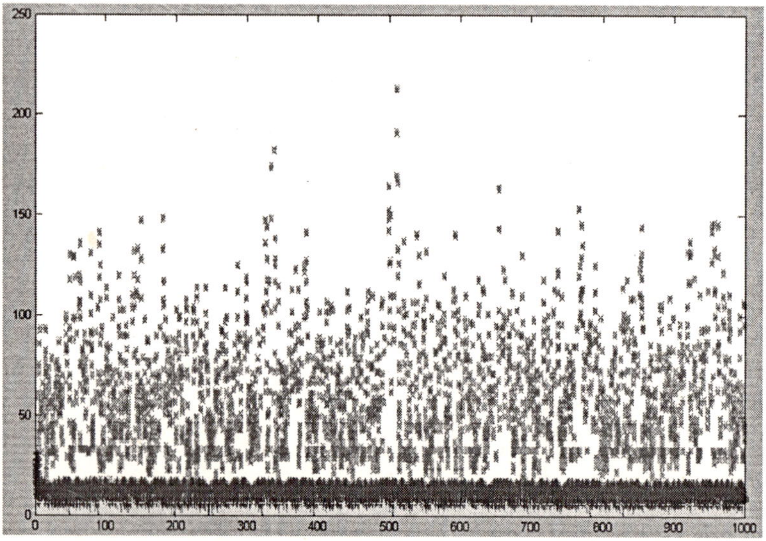

图 2.19　LLQ 调度策略（一）

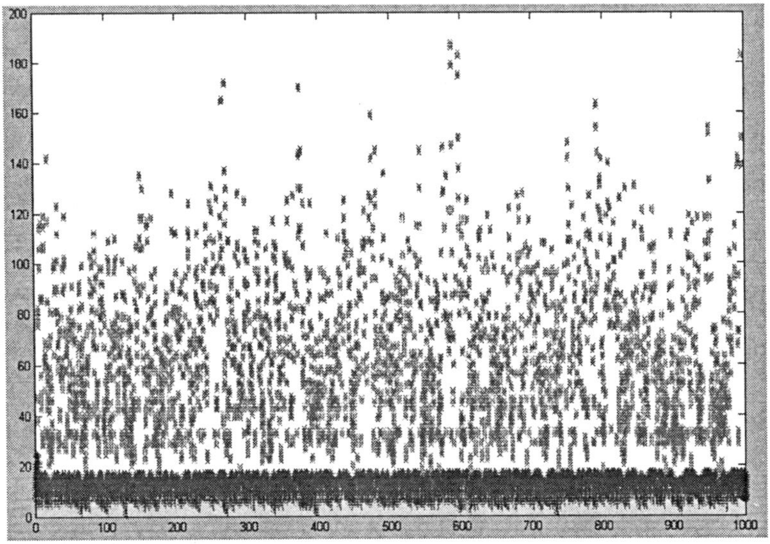

图 2.20　LLQ 调度策略（二）

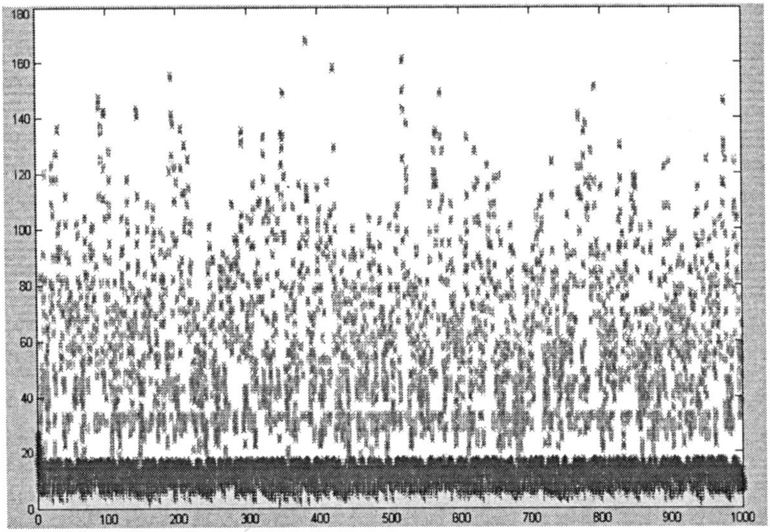

图 2.21　LLQ 调度策略（三）

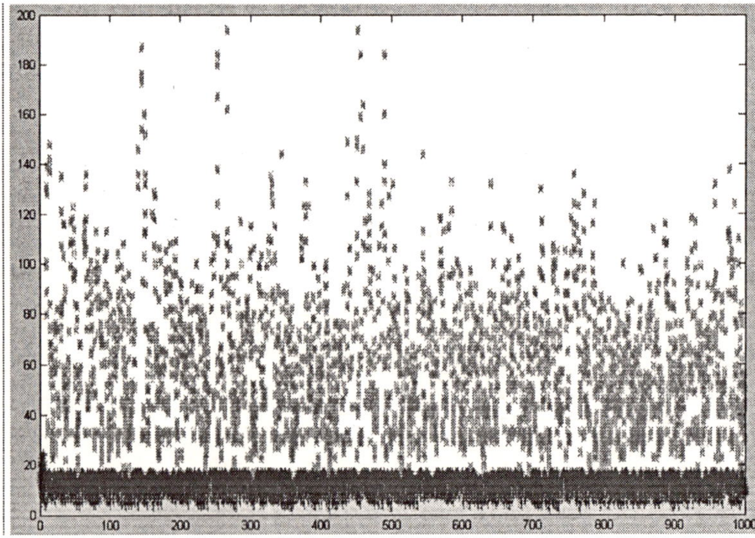

图 2.22　LLQ 调度策略（四）

由图 2.19～图 2.22 可知，在 LLQ 调度策略中，第一类流的队列长度为 0，保证了它的实时性，其他各类数据流也得到了相对公平的服务。

2.6.3　讨　论

本节利用排队论的知识，对目前网络中经常用到的几种 QoS 调度策略进行了分析，可以利用解析方式对不同的排队方式进行计算，为了满足网络的服务质量指标，并且充分利用网络资源，需要在不同的情况下采取合适的调度策略，在网络资源充足并且高优先级数据流需要有高的实时性保证时，可以采用 PQ 调度策略；而如果网络资源比较紧张时，为了避免“队列饥荒”，可以采用 WFQ 调度策略，保证所有队列都能够得到公平服务；在有些流要求高实时性，又要保证其他流得到公平服务时，可以采用 CBWFQ 或 LLQ 调度策略。

本设计通过对 4 种调度策略的仿真，总结出了对几种网络状况应该采取的调度策略。可以把路由器加进某种程序，使其更加智能，灵活处理当前状况。在不增加带宽的同时，让网络更加流畅。

整个系统在 MATLAB 平台上进行，通过调用 MATLAB 程序，实现路由器的仿真处理。结果就是出仿真图。程序设计 MATLAB 可视化科学计算软件，并在该环境下调试成功。

第 3 章 动态小区资源预留切换控制算法

3.1 引 言

随着移动通信技术的发展，移动网络业务越来越多样化，网络服务质量（QoS）不仅是固定网络的研究热点，也是移动网络迫切需要研究的课题。移动通信网络与固定通信网络有很多不同的 QoS 指标，越区接入阻塞率就是其中之一。对于一个小区来说，当有用户请求接入网络时，有两种可能：一种是本小区内的用户请求接入网络；另外一种就是在其他小区正在接受服务的用户，移动到本小区来，这样就会发生越区切换。越区切换失败，即越区接入阻塞，会使用户在接受服务的过程中失去网络连接，极大地影响网络服务质量。影响越区切换的因素有很多，其中最主要的原因还是本小区的无线信道资源不足。为了减少越区接入阻塞，现有的办法一般是在每个小区当中预留一定数量的信道资源，专门用于越区接入。这种办法是静态的，能够保证足够低的越区接入阻塞率，但又可能极大地浪费宝贵的无线资源。本书针对这一情况，利用接入模型的瞬态过程，提出了一种动态资源预留算法。

3.2 小区静态信道预留算法

在传统的方案中，最典型的也是目前在普遍使用的就是优先权（信道预留）的越区切换方案[1]，在这个方案中，系统在 S 个信道中预留了 S_R 个信道，专门用于越区切换呼叫请求。剩余的 $S_C = S - S_R$ 个信道则由内部新增呼叫和越区切换呼叫请求所共享。当一个内部新增呼叫请求接入时，如果小区中的空闲信道数量小于或等于 S_R，该新增呼叫请求将被阻塞，否则这个呼叫准许接入。当一个越区切换呼叫请求接入时，只要小区中有空闲信道，就允许接入，如果没有空闲信道，则该切换请求被阻塞，系统模型如图 3.1 所示。

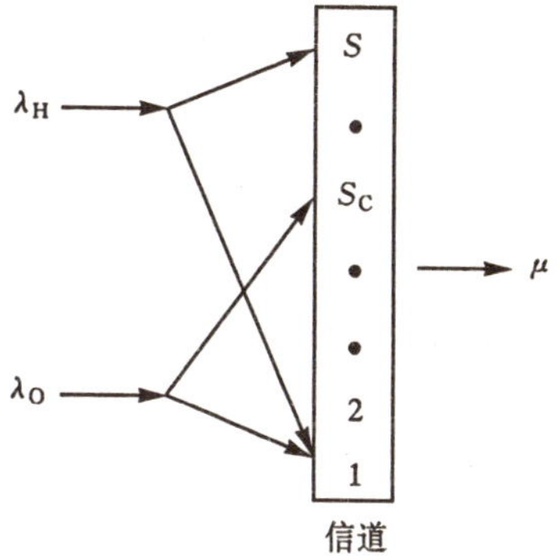

图 3.1　信道预留越区切换方案的系统模型

同样，这个方案中的小区信道占用状态也可以用一个具有（$S+1$）个状态的一维马尔柯夫模型来描述。每一个状态用小区中被占用的信道数 $i(i=0, 1, 2, \cdots, S)$ 来表示。状态转移如图 3.2 所示。

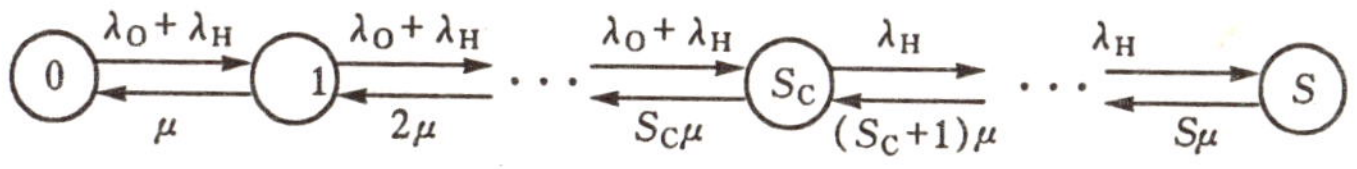

图 3.2　信道预留方案系统状态转移图

设 $P(i)$ 为系统处于状态 i 的稳态概率。从图 3.2 中可以得到系统的平衡状态方程组：

$$\begin{cases} i\mu P(i) = (\lambda_O + \lambda_H)P(i-1), & 0 \leqslant i \leqslant S_C \\ i\mu P(i) = \lambda_H P(i-1), & S_C < i \leqslant S \end{cases} \tag{3.1}$$

根据归一化条件可得

$$P(i) = \begin{cases} \dfrac{(\lambda_O + \lambda_H)^i}{i!\,\mu^i}P(0), & 0 \leqslant i \leqslant S_C \\ \dfrac{(\lambda_O + \lambda_H)^{S_C}\lambda_H^{i-S_C}}{i!\,\mu^i}P(0), & S_C < i \leqslant S \end{cases} \tag{3.2}$$

其中

$$P(0) = \frac{1}{\sum\limits_{i=0}^{S_C}\dfrac{(\lambda_O + \lambda_H)^i}{i!\,\mu^i} + \sum\limits_{i=S_C+1}^{S}\dfrac{(\lambda_O + \lambda_H)^{S_C}\lambda_H^{i-S_C}}{i!\,\mu^i}} \tag{3.3}$$

因此，内部新增呼叫的阻塞概率 B_O 为

$$B_O = \sum_{i=S_C}^{S} P(i) \tag{3.4}$$

越区切换请求的阻塞概率 B_H 为

$$B_H = P(S) = \frac{(\lambda_O + \lambda_H)^{S_C}\lambda_H^{S-S_C}}{S!\,\mu^S}P(0) \tag{3.5}$$

3.3 小区动态信道预留算法

上面所说的信道预留算法是静态的，它能够保证足够低的越区切换阻塞率，但也对信道资源造成了一定的浪费。在前面几节中所介绍的是几种典型的越区切换算

法，也是静态算法中的几种常见方案，其特点都是利用马尔柯夫稳态过程求解系统的阻塞率，来确定小区中信道的分配状况。这几种方案中的排队算法和信道保护算法在第二代移动通信网络中得到了广泛的应用。其中采用排队算法可能会产生较大的延迟，对实时性较强的业务来说不能很好地适应。静态信道保护算法虽然可以保证一定的越区切换阻塞率指标和业务的实时性，但也有其局限性。

在传统的信道保护算法当中，内部新增呼叫最多只能占用 $S_C = S - S_R$ 个信道，这可能会造成一定的信道资源浪费，使内部新增用户阻塞率增加。例如在某一时刻，有一内部新增用户请求接入，此时小区的信道占有量是 S_C，如果经统计到目前为止，实际的越区切换阻塞率比较小（远小于规定的阻塞率指标）的情况下，继续接入内部新增用户，有可能不会使总体上的切换阻塞率超过规定的指标。但是，在上面介绍的传统信道保护算法当中，此时不允许内部用户继续接入，这就可能造成不必要的内部接入阻塞和无线网络资源的浪费。

本章针对上面介绍的信道保护越区切换算法存在的缺点进行了分析研究，利用马尔柯夫模型的瞬态过程解，提出了一种动态越区切换信道预留算法。

这个算法的基本思想是：在有内部用户请求接入时，根据系统此时所占用的资源量和所剩余资源量，以及过去系统越区切换阻塞率的统计结果对系统未来的切换阻塞率进行预测，如果预测到在未来的一定时间段内，系统总体的越区切换阻塞率不会超过要求的指标，这个内部接入请求则被允许，否则就被拒绝。由于采用了动态调节和预测相结合的办法，这个算法既可以保证一定要求的越区切换阻塞率，又可以使无线资源尽可能得到充分利用。

在算法中继续沿用前几节中对系统模型的部分假设。设每个数据流在系统中占用一个信道；内部新增呼叫请求和越区切换呼叫请求的到达为泊松过程；通信时间服从指数分布；系统对接入不进行排队；请求时如果小区中资源不足，即发生阻塞。很明显，用户的接入为多通道损失制马尔柯夫过程，即 $M/M/n$ 排队模型。因此，首先介绍 $M/M/n$ 系统的瞬态解。

3.3.1 $M/M/\infty$ 系统的瞬态解

可以通过 $M/M/\infty$ 系统的结论来得到 $M/M/n$ 系统的瞬态解，进入强度为 λ，单个用户服务强度为 μ 的 $M/M/\infty$ 系统，其状态转移如图 3.3 所示。

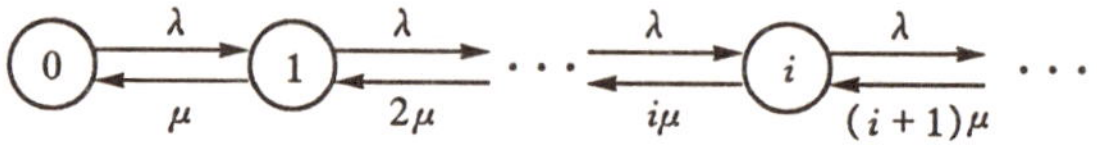

图 3.3 $M/M/\infty$ 系统状态转移图

其 Kolmogorov-Chapman 方程组为

$$\begin{cases} \dfrac{\mathrm{d}p_0}{\mathrm{d}t} = -\lambda p_0 + \mu p_1 \\ \dfrac{\mathrm{d}p_1}{\mathrm{d}t} = -(\lambda + \mu)p_1 + \lambda p_0 + 2\mu p_2 \\ \quad\vdots \\ \dfrac{\mathrm{d}p_i}{\mathrm{d}t} = -(\lambda + i\mu)p_i + \lambda p_{i-1} + (i+1)\mu p_{i+1} \\ \quad\vdots \end{cases} \tag{3.6}$$

其中 $p_i(t)$ 为系统在时刻 t 有 i 条信道被占用的概率，设 $t=0$ 时系统中有 i 条信道接入，则方程的初始条件为

$P_i(0)=1$，$P_j(0)=0$，$i\neq j$。可以利用母函数方法求解这个方程组，设 $G(t,\ z)$是概率分布为$\{p_j(t),\ j\geqslant 0\}$的母函数，则

$$G(t,z) = \sum_{j=0}^{\infty} p_j(t) z^j, z \leqslant 1$$

由 Kolmogorov-Chapman 方程可得

$$\frac{\partial G}{\partial t} - (1-z)\mu\frac{\partial G}{\partial z} = -\lambda(1-z)G \tag{3.7}$$

其中 $G=G(t,\ z)$。在 $P_i(0)=1$ 时，此微分方程的初始条件为 $G(t,\ z)=z^i$。

考虑方程组

$$\frac{\mathrm{d}t}{1} = -\frac{\mathrm{d}z}{(1-z)\ \mu} = -\frac{\mathrm{d}G}{\lambda\ (1-z)\ G}$$

由
$$\mathrm{d}t = -\frac{\mathrm{d}z}{(1-z)\ \mu}$$
得
$$(1-z)\ \mathrm{e}^{-\mu t} = C_1$$
由
$$\frac{\mathrm{d}z}{(1-z)\ \mu} = \frac{\mathrm{d}G}{\lambda\ (1-z)\ g}$$
得
$$G\mathrm{e}^{-\lambda z/\mu} = C_2$$
所以

$$G(t,z)\mathrm{e}^{-\lambda z/\mu} = \phi((1-z)\mathrm{e}^{-ut}) \tag{3.8}$$

其中 ϕ 为 t，z 的任意可微函数。由初始条件可得

$$z^i\mathrm{e}^{-\lambda z/\mu} = \phi(1-z)$$

故
$$\phi(x) = (1-x)^i\mathrm{e}^{-\lambda(1-x)/\mu}$$

从而有

$$G(t,z)\mathrm{e}^{-\lambda z/\mu} = [1-(1-z)\mathrm{e}^{-ut}]^i \cdot \exp\left\{-\frac{\lambda}{\mu}[1-(1-z)\mathrm{e}^{-\mu t}]\right\}$$

$$G(t,z) = [1-(1-z)\mathrm{e}^{-ut}]^i\exp\left\{-\frac{\lambda}{\mu}(1-z)(1-\mathrm{e}^{-\mu t})\right\}$$

(3.9)

由于$[1-(1-z)\mathrm{e}^{-ut}]^i$是二项分布随机变量$\xi\sim B(i,\mathrm{e}^{-\mu t})$的母函数，而$\exp\left\{-\frac{\lambda}{\mu}(1-z)(1-\mathrm{e}^{-\mu t})\right\}$是泊松分布$\eta\sim P\left(\frac{\lambda}{\mu}(1-\mathrm{e}^{-\mu t})\right)$的母函数，因此$G(t,z)$为两个相互独立的随机变量$\xi$，$\eta$之和的母函数。设$p_{i,n}(t)$为系统在时间$t$内由状态$i$转移到状态$n$的概率，则有

$$\begin{aligned}p_{i,n}(t) &= P\{X(t)=n\} = P\{\xi+\eta=n\}\\ &= \sum_{k=0}^{\min(i,n)} P\{\xi=k\}P\{\eta=n-k\}\\ &= \sum_{k=0}^{\min(i,n)} \mathrm{C}_i^k \mathrm{e}^{-k\mu t}(1-\mathrm{e}^{-\mu t})^{i-k}\cdot\\ &\quad \frac{\left[\frac{\lambda}{\mu}(1-\mathrm{e}^{-\mu t}\right]^{n-k}\exp\left\{-\frac{\lambda}{\mu}(1-\mathrm{e}^{-\mu t})\right\}}{(n-k)!}\end{aligned} \tag{3.10}$$

特别地，当$i=0$时，有

$$p_{0,n}(t) = \frac{\left[\frac{\lambda}{\mu}(1-\mathrm{e}^{-\mu t}\right]^{n}\exp\left\{-\frac{\lambda}{\mu}(1-\mathrm{e}^{-\mu t})\right\}}{n!} \tag{3.11}$$

3.3.2 *M/M/n* 系统的瞬态解

上面所得出的结论是$M/M/\infty$系统的瞬态解，其物理意义比较明显，即系统中状态数量无限多（$S\to\infty$）时，进入强度为λ，单个用户服务强度为μ的情况下，系统在时间t内从状态i转移到状态n的概率，可以等同于现存用户的总体服务强度服从二项分布$B(i,$

$e^{-\mu t}$)、系统外部请求以参数为$\frac{\lambda}{\mu}$ $(1-e^{-\mu t})$ 的泊松过程进入，两者之和为 n 的全概率。

从这个结论可以很自然地得出 $M/M/n$ 模型的瞬态解，即当系统中状态数量为一定值（$S=n$）时，系统在时间 t 内由状态 i 转移到状态 n 的概率为

$$p_{i,n}(t)=\sum_{k=0}^{\min(i,n)} C_i^k e^{-k\mu t}(1-e^{\mu t})^{i-k}\frac{\left[\frac{\lambda}{\mu}(1-e^{-\mu t})\right]^{n-k}}{(n-k)!}\left\{\sum_{h=0}^{n-k}\frac{\left[\frac{\lambda}{\mu}(1-e^{-\mu t})\right]^{h}}{h!}\right\}^{-1} \tag{3.12}$$

当 $i=0$ 时，有

$$p_{0,n}(t)=\frac{\left[\frac{\lambda}{\mu}(1-e^{-\mu t})\right]^{n}}{n!}\left\{\sum_{h=0}^{n}\frac{\left[\frac{\lambda}{\mu}(1-e^{-\mu t})\right]^{h}}{h!}\right\}^{-1} \tag{3.13}$$

3.3.3　预测时段阻塞率指标的确定

在算法当中，需要对未来时段 t 内的切换阻塞率指标进行调节，这可以根据系统当前状态以及实际的越区阻塞率进行决定。本书采用了一种比较简单的调节方式。

假设经统计，系统过去实际的越区切换阻塞率为 R_{real}，如果这一阻塞率与系统要求的指标相等（$R_{real}=\delta$），则下一时段的阻塞率指标不变；如果比系统要求的指标大，即 $R_{real}>\delta$，则下一时段的切换阻塞率指标需要向下按相应比例调节；如果 $R_{real}<\delta$，则需要向上按

相应比例调节。具体公式为

$$\delta_n = \begin{cases} \delta\left(1 - \dfrac{R_{\text{real}} - \delta}{1 - \delta}\right), & R_{\text{real}} \geqslant \delta \\ R_{\text{real}} + \dfrac{\delta - R_{\text{real}}}{\delta}, & R_{\text{real}} < \delta \end{cases} \tag{3.14}$$

3.3.4 动态预留信道算法描述

系统模型与上面叙述的几种算法基本一致：

(1) 小区中有 S 个信道；

(2) 小区中内部新增呼叫为到达强度 λ_{O} 的泊松过程；

(3) 小区的越区切换请求为到达强度 λ_{H} 的泊松过程；

(4) 单个移动台信道占用时间服从参数为 $\mu\left(\text{均值为 } E(t) = \dfrac{1}{\mu}\right)$ 的负指数分布；

(5) 系统越区切换阻塞率指标为 δ；

(6) 预测时间长度为 t。

信道的预留在实现上有两个途径，一是拒绝内部新增用户的接入请求，二是等待现有的被占用中的信道结束通信。因此，在预留算法当中只要计算出对内部新增用户的请求是否准许接入就可以了，即预留算法表现在对内部新增呼叫的准入控制的分析上。

算法的描述如图 3.4 所示。

从图 3.4 中可以看到，在初始化（包括各种所需的参数和指标等的确定）之后，对过去的越区切换阻塞率进行统计，并根据式（3.14）计算出下一预测时段所需要的切换阻塞率 δ_n；然后判断是否有用户请求接入，在

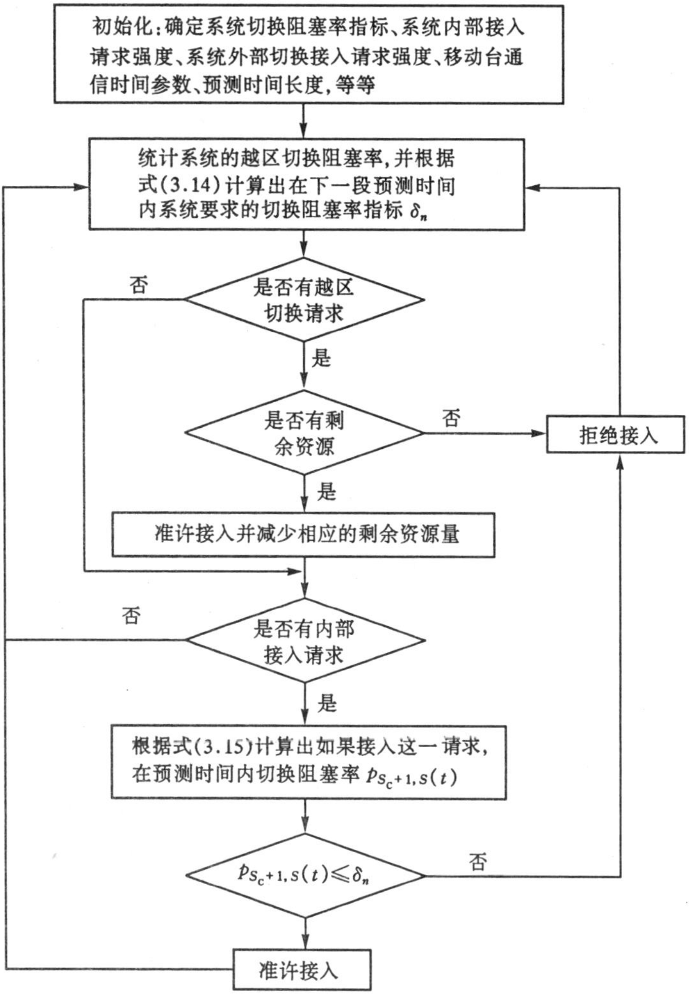

图 3.4　动态信道预留切换算法的系统模型

有越区切换请求的情况下，只要此时系统的剩余资源可以满足越区用户的请求，就准许接入，并相应地减少系统剩余资源的数量；如果系统资源不足，则拒绝接入。

在有内部新增用户接入请求时，需要根据 δ_n 对其进行准入控制分析。设此时信道占用量为 S_C，由于内部接入用户和越区切换用户的服务时间服从同一分布，因此，可以根据式（3.12）计算出在未来时间 t 内，系统状态由 S_C+1 转移到 S 的概率

$$p_{S_C+1,S}(t) = \sum_{k=0}^{S_C+1} C_{S_C+1}^{k} e^{-k\mu t}(1-e^{-\mu t})^{S_C+1-k} \frac{\left[\frac{\lambda_H}{\mu}(1-e^{-\mu t})\right]^{S-k}}{(S-k)!} \cdot \left\{\sum_{h=0}^{S-k} \frac{\left[\frac{\lambda_H}{\mu}(1-e^{-\mu t})\right]^{h}}{h!}\right\}^{-1} \tag{3.15}$$

如果 $p_{S_C+1,S}(t) > \delta_n$，说明接入这个请求会使整体切换阻塞率指标在未来时间 t 内超过允许范围，应该拒绝接入；如果 $p_{S_C+1,S}(t) \leqslant \delta_n$，则不会过度影响切换阻塞率指标，可以接入这一请求。

3.4 系统仿真

本书利用 MATLAB 仿真平台，对传统的优先级静态切换算法和本算法进行了性能比较。仿真参数如表 3.1 所列，设小区信道总数为 64，内部接入强度为 $\lambda_O=0.4$，切换呼叫强度为 $\lambda_H=0.3$，服务强度 $\mu=0.01$，切换阻塞率指标 $\delta=0.03$。

表 3.1　仿真参数表

小区信道总数 S	内部呼叫强度 λ_O	切换呼叫强度 λ_H
$S=64$	$\lambda_O=0.4$	$\lambda_H=0.3$
服务强度 μ	切换阻塞率指标 δ	仿真的时间长度
$\mu=0.01$	$\delta=0.03$	100000

仿真结果如图 3.5～图 3.7 所示。

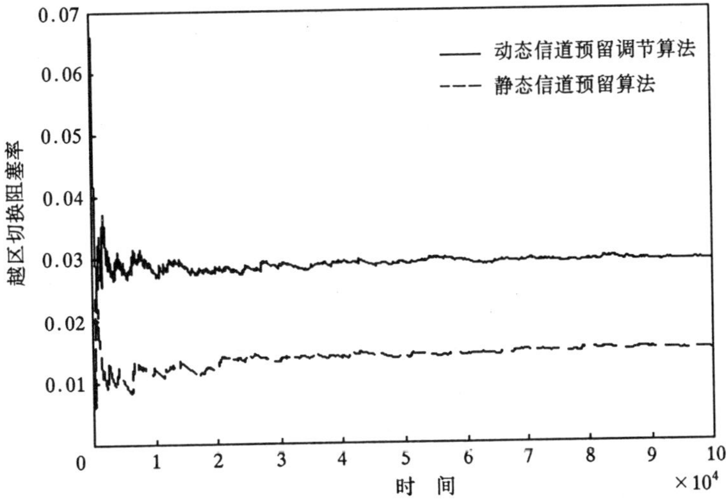

图 3.5　动态信道预留调节算法与静态预留算法越区切换阻塞率比较图

图 3.5 为两种方案的切换阻塞率比较，可以看到系统进入到稳态以后，动态预留方案基本使越区切换的阻塞率维持在系统要求的水平，而使用传统的静态预留方案，阻塞率为 0.15 左右。其主要原因是静态预留方案的最小预留粒度为一条信道，采用本书提出的这组参数，利用式（3.5）计算可知，在静态信道预留算法中，

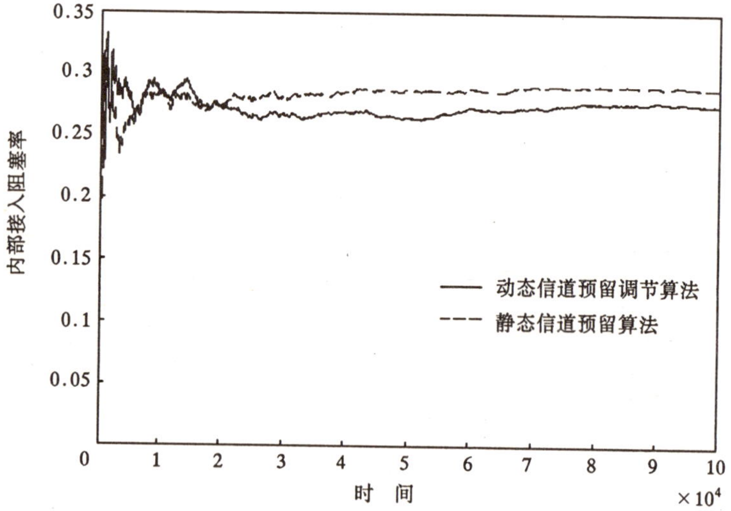

图 3.6 动态信道预留调节算法与静态预留算法内部接入阻塞率比较图

当预留信道数量为2时，系统的切换阻塞率为 0.0338；当预留信道数量为 3 时，系统的切换阻塞率为 0.017；而当预留数量为 4 时，系统的切换阻塞率为 0.0087。因此，为了满足系统切换阻塞率指标，至少需要预留 3 个信道，在这其中必然造成信道资源的浪费。动态方案通过对切换阻塞指标的动态调节和对阻塞率的预测，可以对这种浪费进行一定的弥补。图 3.6 为两种方案的内部接入阻塞率比较图，图 3.7 为两种方案的平均资源利用率比较图。由于动态算法的切换阻塞率基本保持在了系统要求的位置上，必然会使内部接入阻塞率有所降低，进而使系统的资源利用率有所提高。因此从图中可以看到，系统在进入到稳态以后，内部接入阻塞率降低了 0.04 左右，平均资源利用率提高了 0.005 左右。

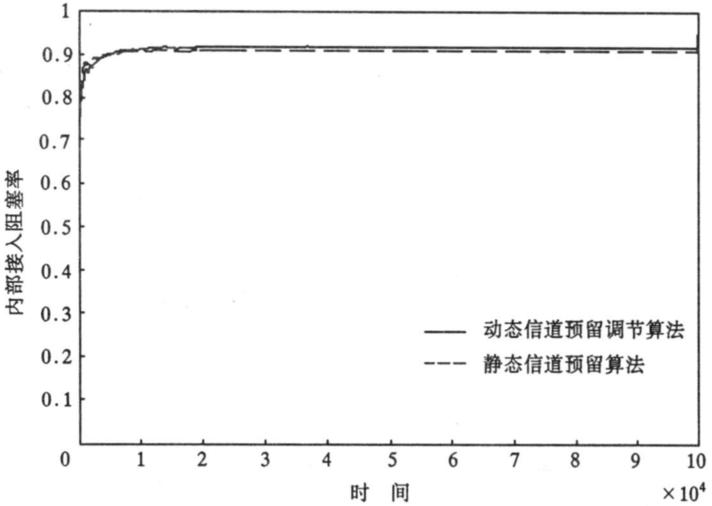

图 3.7　动态信道预留调节算法与静态预留算法平均资源利用率比较图

3.5　小　结

本章详细分析了静态切换算法中的优势和缺陷，发现资源预留粒度对传统的优先级算法的性能会产生很大影响。同时利用多通道损失制马尔柯夫排队模型的瞬态解，提出了一种基于切换阻塞率预测的动态切换算法。在本章最后对动态算法和传统优先级算法进行了仿真和结果比较，证明了本书提出算法的可行性和优越性。本书提出的算法是假设信道资源不受干扰的，在实际应用中，还需要考虑多方面的因素，如远近效应、阴影效应等对小区资源的干扰，等等。

第 4 章　3G 移动通信网络的仿真技术研究

4.1 引　言

在对网络的研究当中，仿真技术是十分关键的，它不仅可以帮助网络工程师设计网络结构，还可以帮助研究人员对网络新协议和新算法进行测试。目前，移动通信网络正由第二代向第三代发展，对 3G 的研究也一直是网络通信当中的热点课题，很多人对这方面的仿真工作也进行了大量的研究，很多仿真软件，如 OPNET、NS2 等，都配置了 UMTS 仿真模块，还有很多软件，如 MATLAB 等，也配置了 CDMA 等信道传输模块。本文考虑到第三代移动通信系统的结构，针对 BTS 和 SGSN 的上行数据流建立了一个仿真模型，并对其进行了实验，对研究 3G 移动通信网的性能具有一定的辅助作用。

4.2 随机数的产生

4.2.1 产生随机数方法介绍

在网络仿真过程当中，要作很多随机假设，用户的接入数量、数据包的接入速度、服务器对数据包的处理速度等都符合一定的随机分布。大多数计算机程序当中随机数的产生是服从均匀分布的，需要根据均匀分布的随机数产生出具有其他分布形式的随机数。

在计算机编程语言中，一般都提供一个产生均匀分布随机数的函数。如果需要产生其他分布的随机数，有时需要根据这个均匀分布的随机数来进行转换。而且大部分计算机语言产生的是伪随机数，随机数之间会有一定的相关性，为了避免这种相关性，在每次产生随机数时，都需要对随机数产生器初始化。比如在 C 语言中可以先利用 srand 函数初始化随机数产生器，再调用 rand 函数在定义的有效范围内来获取其中一个随机值。在生成其他分布的随机数前还需要将这个值转换成 0～1 的随机值。其流程如图 4.1 所示

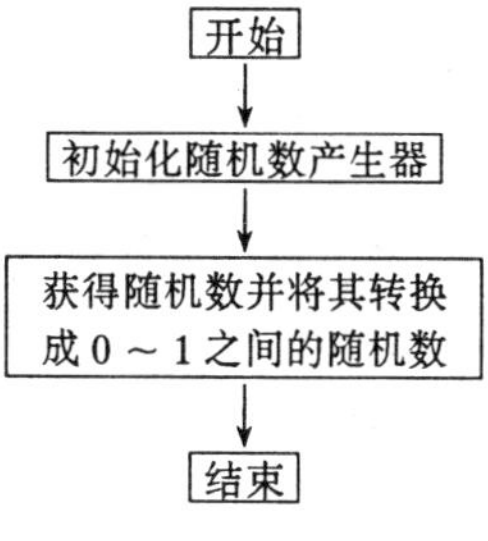

图 4.1　随机数产生流程

拥有了 0～1 的均匀分布随机数之后，就可以利用它产生符合其他分布的随机数了。在对非均匀分布随机变量的处理中，可以利用反函数方法由随机分布函数来求解随机变量。假设需要产生的随机变量 X 服从概率密度为 $p(x)=f(x)$ 的分布，则其分布函数为

$$F(x) = P\{X < x\} = \int_{-\infty}^{x} f(t)\mathrm{d}t \qquad (4.1)$$

由随机分布函数的性质可知，$F(x)$是一个单调递增函数，且满足 $0 \leqslant F(x) \leqslant 1$ 。$F(x)$也是一个随机变量，设这个随机变量为 Y，它与 $F(x)$的函数值一一对

应。即如果存在 $y_0 \in Y$，必然存在 $x_0 \in X$ 通过 $F(x)$ 与之对应。利用反函数形式可以求得随机变量

$$X = F^{-1}(y) \tag{4.2}$$

相应地，随机变量 Y，满足下式：

$$P\{Y \leqslant y_0\} = P\{X \leqslant x_0\} = F(x_0) = y_0 \tag{4.3}$$

式（4.3）表明，Y 服从（0，1）区间的均匀分布。因此，可以利用计算机语言产生 Y，再通过式（4.2）获得需要的随机变量 X。

4.2.2 产生负指数分布随机数

设 x 服从参数为 μ 的指数分布，则其分布函数为 $F(x) = 1 - \mathrm{e}^{-ax}$，利用反函数法得

$$x = \mu^{-1}\ln[1 - F(x)] \tag{4.4}$$

由于 $1 - F(x)$ 也是 0～1 的均匀分布的随机变量，可以将式（4.4）简化为

$$x = \mu^{-1}\ln K \tag{4.5}$$

其中 K 是服从（0，1）区间的均匀分布的随机变量。至此，可以得到服从参数为 μ 的指数分布的随机变量了。

4.2.3 产生帕累托分布随机数

在网络仿真中，帕累托分布是经常用到的一种随机形式，在近几年的研究中，发现了网络数据流的长相关性，也呈现出自相似特征，其中主要的原因就是在网络中的 ON - OFF 流的开关时间长度符合帕累托分布，多个这种流叠加，就会产生出渐进自相似性。

称随机变量 x 服从参数为 k 和 a（k，$a > 0$）的帕累托分布，它的概率密度为

$$\left.\begin{aligned} f(x) &= 0, & x &\leqslant k \\ f(x) &= \frac{a}{k}\left(\frac{k}{x}\right)^{a+1}, & x &> k, a > 0 \end{aligned}\right\} \tag{4.6}$$

其分布函数为

$$\left.\begin{aligned} F(x) &= 0, & x &\leqslant k \\ F(x) &= 1 - \left(\frac{k}{x}\right)^{a}, & x &> k, a > 0 \end{aligned}\right\} \tag{4.7}$$

可以知道其均值为

$$E(x) = \frac{a}{a-1}k \ , a > 1 \tag{4.8}$$

参数 k 决定了该随机变量可取得最小值，a 决定了该随机变量的均值和方差，如果 $a \leqslant 2$，该分布具有无限的方差；如果 $a \leqslant 1$，该分布具有无限的均值和方差。帕累托分布的尾部衰减与指数分布相比要慢得多，因此又称为重尾分布。

要生成服从参数为 k 和 $a(k, a>0)$ 的帕累托分布的随机变量 x，首先需要利用反函数法得

$$x = k[1 - F(x)]^{-\frac{1}{a}} \tag{4.9}$$

由于 $1-F(x)$ 也是（0，1）区间均匀分布的随机变量，因此可以将上式简化为

$$x = \frac{k}{\sqrt[a]{U}} \tag{4.10}$$

其中 U 是服从（0，1）区间的均匀分布的随机数。至此，可以得到服从参数为 k 和 a（k，$a>0$）的帕累托分布的随机数了。

4.2.4 产生泊松分布随机数

如果一个随机变量 x 服从参数为 λ 的泊松分布，那么它的分布函数就是 $F(x) = \sum_{k=0}^{x} \frac{\lambda^k e^{-\lambda}}{k!}$，尽管很难用解析的办法来求出 x，但可以用计算机的程序来找出 x。设 U 为根据图（4.1）生成的（0，1）区间均匀分布的随机数。

则步骤如下：

```
int i = 0;
int x = 0;
while (Σ_{k=0}^{i} λ^k e^{-λ}/k! < U)
    i = i+1;
if (Σ_{k=0}^{i} λ^k e^{-λ}/k! = U)
    x = i;
    else (Σ_{k=0}^{i} λ^k e^{-λ}/k! > F(x))
    {
      if ( |Σ_{k=0}^{i} λ^k e^{-λ}/k! > - F(x)| < |Σ_{k=0}^{i-1} λ^k e^{-λ}/k! - F(x)| )
        x = i;
      else
        x = i_1;
    }
```

x 即所要生成的服从参数为 λ 的泊松分布的随机变量。

4.3 仿真模型的提出

4.3.1 第三代移动通信网络结构介绍

国际电联 1998 年提出的 UMTS（Universal Mobile Telecommunication System），即通用移动通信系统，成为第三代移动通信网络的标准。UMTS 的基本结构如图 4.2 所示。

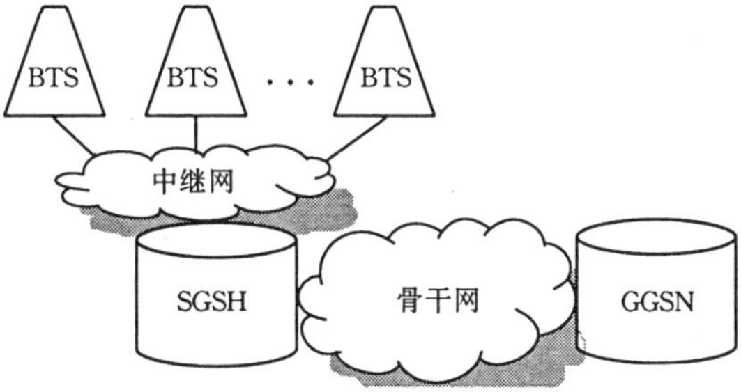

图 4.2　3G 网络基本结构

在网络中首先是无线接入部分，以小区为单位，每个小区有一个基站传输系统（BTS）通过中继网，它在用户和业务GPRS支持节点（SGSN）之间传输数据，SGSN 再通过以 IP 传输为基础的骨干网在网关GPRS支持节点（GGSN）之间传输数据，GGSN 是连接 3G 网络和其他网络之间的桥梁。

无线接入部分可能有多种接入方式，如 GPRS、CDMA 等，但它们都遵循分组交换原则，在每个小区中拥有一定数量的信道，每条信道可以接入一个用户。由于用户的移动性，使越区阻塞率指标成为移动通信当中非常重要的 QoS 指标之一。为了保证足够低的越区阻塞率，一般在每个小区中预留一部分信道出来，这些信道只用于越区接入的用户。

在上行数据传输中，基站负责转发用户产生的数据流，多个基站产生的数据流通过 SGSN，接入骨干网络。

4.3.2 小区 BTS 系统的仿真模块

在仿真当中要进行一些必要的假设，小区内部用户接入数量符合泊松分布，小区中越区接入用户的数量也符合泊松分布。每个用户的接入时间长度服从负指数分布。每个用户产生的数据流为 ON-OFF 流，ON 和 OFF 的持续时间服从帕累托分布。

在仿真初始化时，需要设定一些值：假设小区中越区接入用户的输入参数为 λ_{out}，持续时间均值为 $1/\mu_{out}$；内部接入用户的输入参数为 λ_{in}，持续时间均值为 $1/\mu_{in}$；小区信道总数为 T，外部预留信道数量为 M。

其仿真流程如图 4.3 所示。

从图4.3中可以看到小区基站的仿真模块，首先，要设定仿真时间长度，之后输入仿真所需要的参数。在仿真过程中首先要统计在本时刻结束服务的用户数量，其中包括越区接入用户和内部接入用户；之后要计算在本时刻请求接入的用户数量，同样包括越区用户和内部用户，在这要用到上面论述的泊松随机数产生的方法，产生一定的用户接入量；然后，在统计信道是否充足后，判断有多少接入请求的用户可以通知SGSN模块是否允许接入，在SGSN进行准入控制（CAC）判断之后，才能真正确定有多少用户被接入。由于接入的用户服务时间长度服从负指数分布，需要根据式（4.5）和分布的参数来计算用户接受服务的时间。这样就比较完

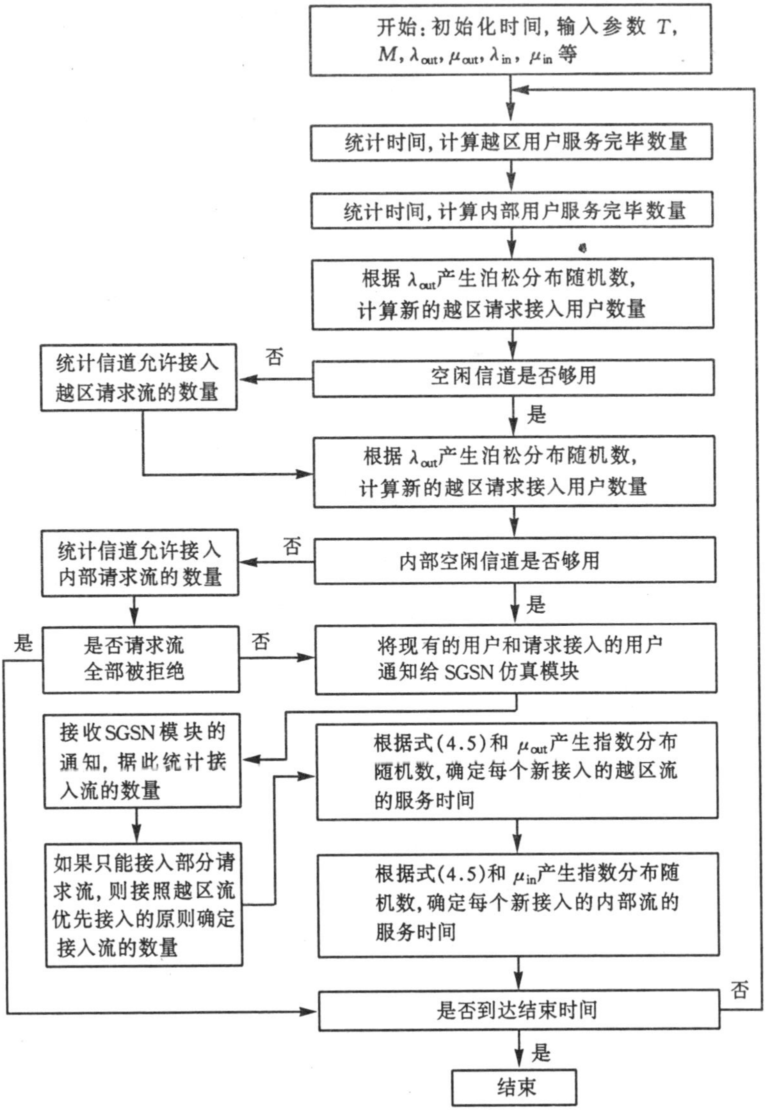

图 4.3　小区基站通信仿真流程

整地表现了一个小区内用户的接入状态。

4.3.3 SGSN 仿真模块

在 SGSN 仿真模块当中，需要对用户的数据流形式进行定义，这里定义的是 ON-OFF 流，在用户产生的 ON-OFF 流当中，ON 的持续时间服从参数为 a_{on}和 k_{on}的帕累托分布，OFF 的持续时间服从参数为 a_{off}和 k_{off}的帕累托分布；在 ON 期间用户以速率 v 均匀发送数据包，SGSN 的处理带宽为 C。仿真流程如图 4.4 所示。

从图 4.4 中可以看到，SGSN 模块在初始化后，接收小区仿真模块的通知，在有用户请求接入的情况下，首先要进行 CAC 判断，看网络的服务能力是否可以满足用户的 QoS 要求，如果能满足，则允许接入，否则拒绝接入。之后要判断每个流的 ON 和 OFF 的持续时间，并进行统计，如果在此时刻有数据流发生了 ON 和 OFF 之间的状态转换，则在从 ON 转换到 OFF 时，根据式 (4.10) 和 a_{off}，k_{off}产生帕累托随机数来仿真 OFF 状态持续的时间；而从 OFF 转换到 ON 状态时，根据式 (4.10) 和 a_{on}，k_{on}产生帕累托随机数来仿真 ON 状态持续的时间。之后要根据处于 ON 状态的流数量和发包速度 v 来计算数据流整体产生的数据包，并放入队列，同时计算此时刻队列数据包的减少量，才可以确定队列的长度。

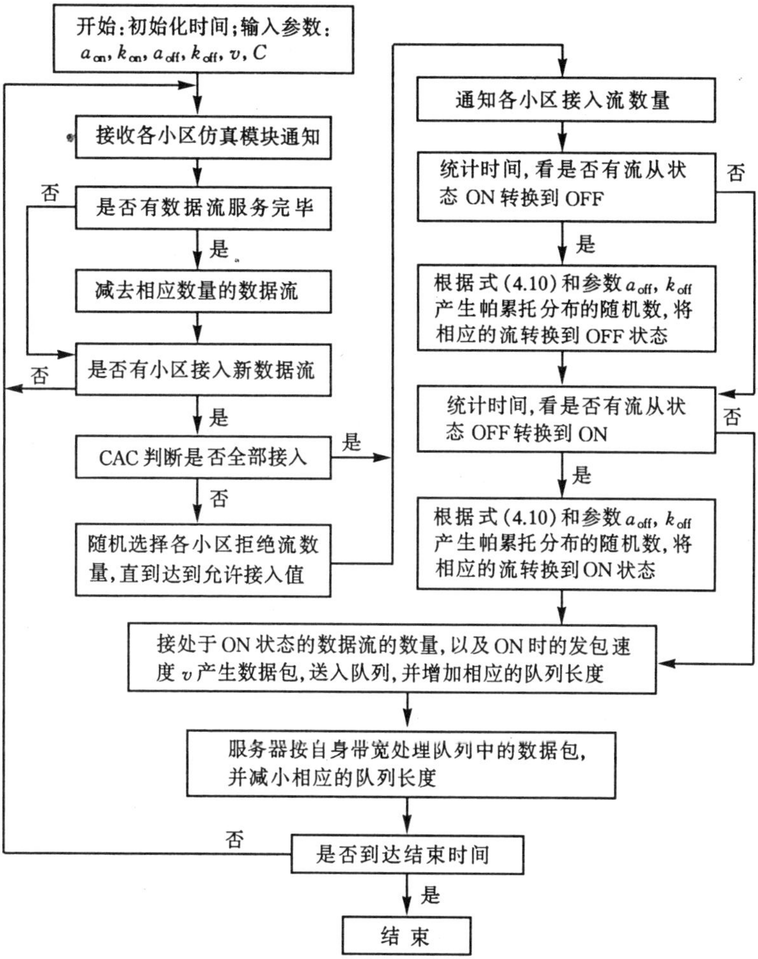

图 4.4　SGSN 数据流仿真流程图

4.4 仿真结果

假设有 10 个小区接入一个 SGSN，小区的参数如表 4.1 所列。

另设小区中流接入时间服从参数为 0.13 的负指数分布。接入数量服从泊松分布。

接入的数据流为 ON-OFF 流，ON 和 OFF 的持续时间服从帕累托分布，ON 时流的持续时间参数为 $k_{on}=0.1449$ 和 $a_{on}=1.7$；OFF 时流的持续时间参数为 $k_{off}=0.2438$ 和 $a_{off}=1.6$；ON 时的发包速度为 50。SGSN 的处理速度为 14500。仿真结果如图 4.5 所示。

表 4.1　各小区的信道以及数据流接入参数

小　区	1	2	3	4	5	6	7	8	9	10
信道数量	81	82	83	84	85	86	87	88	89	90
预留信道数量	11	12	13	14	15	16	17	18	19	20
内部接入强度	6.1	6.2	6.3	6.4	6.5	6.6	6.7	6.8	6.9	7
越区接入强度	2.01	2.02	2.03	2.04	2.05	2.06	2.07	2.08	2.09	2.1

图 4.5(a)表示的是 SGSN 中队列的长度，由于接入的重尾时间间隔的数据流，多个这种流叠加会使包输入呈现出自相似性，因此可以看到队列长度表现出了很强的突发性。

图 4.5(b)表示的是小区内部接入阻塞率，图中的实线描述的是第八个小区，而虚线是第四个小区。在系统达到稳态后，这两个小区的内部接入阻塞率均在 0.1 左右。

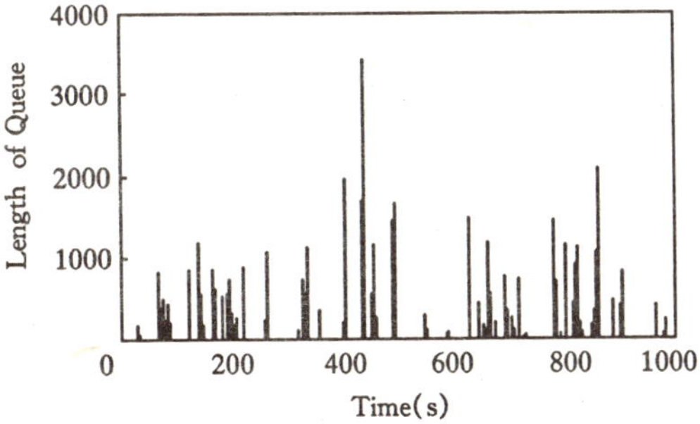

(a) SGSN 的队列长度

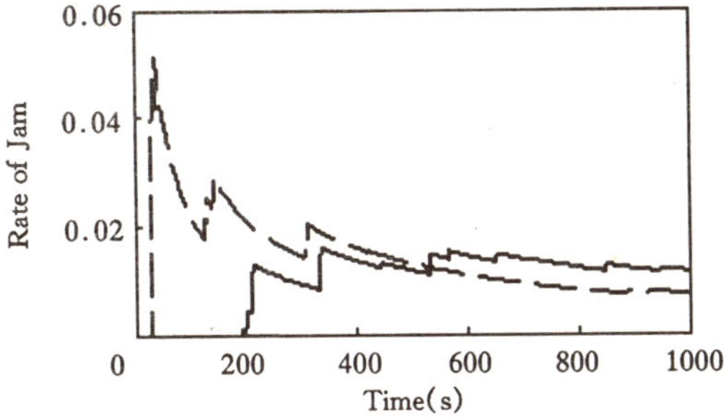

(b) 小区内部接入阻塞率

图 4.5　SGSN 仿真结果

4.5　小　结

在网络性能的研究中，网络仿真技术起到了巨大的辅助作用，本章对网络仿真的原理进行了分析描述，论述了不同的随机数的产生过程，并提出了一个简单的第三代移动通信仿真模型。经过运行测试，与理论模型基本相吻合。在骨干网部分，本书只是对小区用户接入进行了初步的原理性的仿真研究，真正接近实际还需要对不同的协议进行仿真，在无线接入部分，还需要考虑地理位置的变化以及无线信号远近效应和阴影效应等干扰因素。

第 5 章 结束语

尽管本书对高速实时流在 3G 网络中的切换算法进行了大量的研究，但在情况复杂多变、业务种类繁多、多种网络形式和切换方式并存的移动通信网络当中，仍然有大量的问题需要进一步进行深入探索。

(1) 由于 3G 网络在国内还没有大规模商用，高速实时流业务在移动通信中还没有得到推广。在许多方面，尤其在如何保证网络服务质量方面还处于理论研究阶段。本书对许多理论模型进行了一定的抽象化处理，尽管对提出的算法和模型进行了仿真分析，这些成果还是需要进一步在实际的宽带 CDMA 网络中得到检验。

(2) 本书的研究主要针对同一频率 CDMA 网络中的切换，而在现实的网络中，有时存在着多种切换形式并存的情况，比如，在不同运营商控制的 CDMA 系统之间进行的是硬切换，或在分层网络当中，在同一层次的网络间采用的是软切换技术，而在不同层次的网络之间采用的是硬切换技术。在这种条件下，需要进一步研究在同一小区中存在不同切换方式的综合性切换算法。

(3) 由于研究重点在信道资源的预留上，本书只使用了一种移动模型，即假设切换区域中用户的移动方向和速度不变。而在现实中，用户的移动形式多种多样，不同环境下用户的移动模型都会有很大变化，对移动模型的研究本身就是一个非常困难的课题。结合不同形式的移动模型来研究切换算法，也是需要进一步探讨的课题。

（4）本书在多种类数据流切换模型的研究中，重点分析了两种高速数据流的切换的算法，对更多种类的数据流切换没有进行更加深入的研究。多种类数据流的切换算法除了需要计算准确以外，还不希望复杂度过大，因为简单对单数据流切换进行扩展会使算法过于复杂，影响切换的实时性。这一问题也是将来需要进行深入研究的方向。

参考文献

[1] D Hong, S S Rappaport. Traffic model and performance analysis for cellular mobile radio telephone systems with prioritized and nonprioritized handoff procedures [J]. IEEE Trans, 1986, 35 (8): 77-92.

[2] J Daigle, N Jain. A queueing system with two arrival streams and resered servers with application to cellular telephone[C]. INFOCOM, 1992, 4: 2161-2167.

[3] M Naghshineh, M Schwartz. Distributed call admission control in mobile/wireless networks[J]. IEEE J Select Areas Commun, 1996, 14 (3):. 711-717.

[4] C H Yoon, C K Un. Performance of personal portable radio telephone systems with and without guard channels [J]. IEEE J Select Areas Commun, 1993, 11 (8): 911-917.

[5] S Tekinay, B Jabbari. Handoff policies and channel assignment strategies in mobile cellular networks[J]. IEEE Commun, 1991, 29 (3): 42-46.

[6] K C Chua, B Bensaou, W Zhuang, et al. Dynamic channel reservation (DCR) scheme for handoffs prioritization in mobile micro/picocellular networks [C]. IEEE ICUPC '98, 1998: 383-387.

[7] W Zhuang, B Bensaou, K C Chua. Handoff priority scheme with preemptive finite queueing and reneging in mobile multimedia networks [C]. 11th ITC

Specialist Seminar: Multimedia and Nomadic Communications, Yokohama, Japan, 1998, 10: 181-187.

[8] Szu-Lin Su, Jen-Yeu Chen, Jane-Hwa Huang. Performance analysis of soft handoff in CDMA cellular networks[J]. IEEE J Select Areas Commun, 1996, 14 (10): 1762-1769.

[9] Y B Lin, S Mohan, A Noerepel. Queueing priority channel assignment strategies for handoff and initial access for a PCS network[J]. IEEE Trans Veh Technol, 1994, 43 (3): 704-712.

[10] S Tekinay, B Jabbari. A measurement-based prioritization scheme for handover in micro cellular networks[J]. IEEE J Select Areas Commun, 1992, 10 (10).

[11] Nidhi Hegde, Khosrow Sohraby. On the impact of soft handoff in cellular systems[J]. Computer Networks, 2002, 38 (2): 257-271.

[12] F D Priscoli, F Sestini. Fixed and adaptive blocking thresholds in CDMA cellular networks[J]. IEEE Personal Commun, 1998, 4 (5).

[13] 魏丫丫，林闯，任丰原，等. 无线多媒体网络中动态越区切换方案[J]. 软件学报，2003，14 (7): 1310-1317.

[14] A Aljadhai, T Znati. A predictive adaptive scheme to support QoS guarantees in multimedia wireless networks[J]. IEEE ICC ' 99, 1999: 221-225.

[15] S Choi, K Shin. Predictive and adaptive bandwidth reservation for hand-offs in QoS-sensitive cellular

networks[J]. ACM SIGCOMM' 98, 1998: 155-166.

[16] K Lee. Supporting mobile multimedia in integrated service networks[J]. Wireless Networks 1996, 2: 205-217.

[17] D Levine, I Akyildiz, M Naghshineh. A resource estimation and call admission algorithm for wireless multimedia networks using the shadow cluster concept [J]. IEEE/ACM Transactions on Networking 1997, 5: 1-12.

[18] S Lu, V Bharghavan. Adaptive resource management algorithms for indoor mobile computing environments[J]. ACM SIGCOMM' 96, 1996, 8.

[19] A Talukdar, B Badrinath, A Acharya. Integrated services packet networks with mobile hosts: architecture and performance [J]. Journal of Wireless Networks, 1998.

[20] Junshan Zhang, Ming Hu, Ness B Shroff. Bursty traffic over CDMA: predictive MAI temporal structure, rate control and admission control[J]. Computer Networks Journal, 2003, 42 (6): 779-795.

[21] Junshan Zhang, Ming Hu, Ness B Shroff. Bursty Data Over CDMA: MAI Self Similarity[J]. Rate Control and Admission Control INOCOM, 2002.

[22] O T W Yu, V C M Leung. Adaptive resource allocation for prioritized call admission over an ATM-based wireless PCN[J]. IEEE J Select Areas

Commun, 1997, 15 (9): 1208-1225.

[23] P Cherriman, F Romiti, L Hanzo. Channel Allocation for Third-generation Mobile Radio Systems[J]. ACTS' 98, 1998, (8-11): 255-261.

[24] Huang C Y, Yate R D. Call admission in power controlled CDMA systems. IEEE Proc of VTC' 96 [C]. IEEE Vehicular Technology Society, 1996: 1665-1669.

[25] Fang Yuguang, Zhang Yi. Call admission control schemes and performance analysis inwireless mobile networks [J]. IEEE Transactions on Vehicular technology, 2002, 51 (2): 371-382.

[26] Peha J M, Sutivong A. Admission control algorithms for cellular systems[J]. Wireless networks, 2001, 7: 117-125.

[27] Guo Y, Chaskar H. Class-based quality of service over air interfaces in 4G mobile networks[J]. IEEE Commun. 2002, 3: 132-137

[28] Jorguseski L, Fledderus E, Farserotu J, et al. Radio resource allocation in third-generation mobile communication systems [J]. IEEE Commun Mag. 2001: 117-123.

[29] W J Song, B Ahn, W Kim, et al. Evolutionary Computation and Power Control for Radio Resource Management in CDMA Cellular [J]. PIMRC2002 (The 13th IEEE International Symposium on Personal, Indoor and Mobile Radio Communications), Pavilhao atlantico Lisboa Protugal, 2002, 9: 15-18.

[30] F C M Lau, W M Tam. Novel SIR-Estimation-Based Power Control in a CDMA Mobile Radio System Under Multipath Environment [J]. IEEE Transactions on Vehicular Technology, 2001, 50 (1): 314-320.

[31] W Zhuang. Integrated error control and power control for DS-CDMA multimedia wireless communications [J]. IEEE Proceedings Communications, 1999, 146 (10): 359-365.

[32] Gulshan Karmani, Kumar N. Sivarajan. On the capacity of a cellular CDMA system [J]. IEEE Transactions on Vehicular Technology , 1991, 40: 303-312.

[33] Yun L C, Messerschmitt D G. Power control for variable QoS on a CDMA channel [J]. IEEE MILCOM ' 94,1994: 2-4.

[34] Sampath A, Kumar P S, Holtzman J M. Power control and resource management for a multimedia CDMA wireless system[J]. Proc of IEEE Int Symp Personal Indoor Mobile Radio Commun PIMRC, 1995: 21-25.

[35] Siris V A. Resource control for elastic traffic in CDMA networks [J]. ACM International Conference on Mobile Computing and Networking (MOBI-COM), 2002: 193-204.

[36] Vasilios A Siris, Bob Briscoe, Dave Songhurst. Service Differentiation in Third Generation Mobile Networks[J]. 3rd Int' l Workshop on Quality of future Internet Services (QofIS ' 02) Zurich

Switzerland, 2002: 16-18.

[37] Vicent Pla, Vicente Casares-Giner. Analytical-numerical study of the handoff area sojourn time[J]. GLOBECOM 2002-IEEE Global Telecommunications Conference , 2002, 21 (11): 895-899.

[38] Vicent Pla, Vicente Casares-Giner. Effect of the handoff area sojourn time distribution on the performance of cellular networks[J]. Mobile and Wireless Communications Network, 2002, 4: 401-405.

[39] Huan C, Kumar S, Kuo C-CJ. Dynamic call admission control scheme for QoS priority handoff in multimedia cellular systems [J]. Proceedings of the Wireless Communications and Networking Conference, 2002, 1: 114-118.

[40] P O Gaasvik, M Cornefjord, V Svensson. Different Methods of Giving Priority to Handoff Traffic in a Mobile Telephone System with Directed Retry[J]. Proceedings of the 418t Vehicular Technology Conference, 1991: 549-553.

[41] Rajat Prakash, Venugopal V Veeravalli. Locally Optimal Soft Handoff Algorithms [J]. IEEE Transactions on Vehicular Technology, 2003, 52 (3): 347-357.

[42] Bing H Cheung, Victor C M Leung. Network Configurations for Seamless Support of CDMA Soft Handoffs Between Cell Clusters [J]. IEEE Journal on Selected Areas in Communications, 1997, 15 (9): 1276-1288.

[43] Yuguang Fang, Imrich Chlamtac. Teletraffic Analysis and Mobility Modeling of PCS Networks [J]. IEEE Transactions on Communications, 1999, 47 (7): 1062-1072.

[44] M Ruggieri, F Graziosi, F Santucci. Modeling of the handover dwell time in cellular mobile communications systems[J]. IEEE Transactions on Vehicular Technology, 1998, 47 (2): 489-498.

[45] Martin Escalona, I Barcelo, F Casademont. Teletraffic simulation of cellular networks: modeling the handoff arrivals and the handoff delay[J]. Personal, Indoor and Mobile Radio Communications, 2002, 9 (5): 2209-2213.

[46] Mahmood M Zonoozi, Prem Dassanayake. User Mobility Modeling and Characterization of Mobility Patterns[J]. IEEE Journal on Selected Areas in Communications, 1997, 15 (9): 1239-1252.

[47] Sirin Tekinay. Bijan Jabbari. A Measurement-Based Prioritization Scheme for Handovers in Mobile Cellular Networks [J]. IEEE Journal on Selected Areas in Communications, 1992, 10 (10): 1343-1350.

[48] S Tekinay, B Jabbari. An Effective Prioritization Scheme for Handovers in Cellular Networks [D]. Proceedings of the First International Conference on Universal Personal Communications, 1992.

[49] S Tekinay, B Jabbari. Analysis of Measurement Based Prioritization Schemes for Handovers in Cellular Networks [D]. Proceedings of IEEE

Globecom' 92, 1992: 1-5.

[50] Zafer Sahinoglu, Sirin Tekinay. Efficient parameter selection for use of self-similarity in real time resource management, ICC 2002-IEEE International Conference on Communications, 25, no. 1, April 2002, pp. 2212-2216.

[51] S Tekiany, B Jabbari. Handover and Channel Assignment in Mobile Cellular Networks[J]. IEEE Communications Magazine, 1991, 30 (11): 42-46.

[52] S Tekinay, B Jabbari, A Kakaes. Modeling of Cellular Communication Networks with Heterogeneous Traffic Sources[J]. ICUPC, 1993: 249-253.

[53] Jinwen Zhang. Wenbo Wang. A dynamic channel allocation algorithm in TDD mode CDMA systems [J]. Vehicular Technology Conference, 2001, 54: 385-388.

[54] M Oguz Sunay, Zhi-Chun Honkasalo, Ari Hottinen, et al. A Dynamic Channel Allocation Based TDD DS CDMA Residential System[J]. Proceedings of the IEEE ICUPC'97 Confcrence, 1997, 10 (12-16): 228-234.

[55] X Dong, T H Lai. An Efficient Priority-based Dynamic Channel Allocation Strategy for Mobile Cellular Networks[J]. IEEE INFOCOM ' 97, 1997, 4 (2): 892-899.

[56] Tugcu T, C Ersoy. Application of a Realistic Mobility Model to Call Admissions in DS-CDMA Cellular Systems [J]. Vehicular Technology Conference VTC' 2001 Spring, 2001, 3: 1047-1051.

[57] Assalini A, Borgo M, Pupolin S. Dynamic channel

allocation optimization using a closed loop power control in CDMA TDD systems[J]. Wireless Personal Multimedia Communications, 2002, 10 (3): 946-950.

[58] E Del Re, R Fantacci, G Giambene. Handover and dynamic channel allocation techniques in mobile cellular networks [J]. IEEE Transactions on Vehicular Technology, 1995, 44 (2): 229-237.

[59] Kwang-Sik Kim, Moo-Ho Cho. Kyoung-Rok Cho. Traffic model for the channel assignment scheme based on cell partitioning in CDMA mobile systems [J]. 2000 IEEE International Conference on Communications, 2000, 3 (1): 351-355.

[60] Fotini-Niovi Pavlidou. Two-dimensional traffic models for cellular mobile systems [J]. IEEE Transactions on Communications, 1994, 42: 1505-1511.

[61] S Nousiainen, K Kordybach, P Kemppi. User Distribution and Mobility Model Framework for Cellular Network Simulations [J]. IST Summit, Thessaloniki, Greece, 2002.

[62] Y Bing Lin, I Chlamtac. A Model with Generalized Holding and Cell Residence Times for Evaluating Handoff Rates and Channel Occupancy Times in PCS Networks[J]. Wireless Info Networks, 1997, 3 (4).

[63] E Jugl, H Boche. Analysis of Analytical Mobility Models with Respect to the Applicability for Handover Modeling and to the Estimation of

Signaling Cost [J]. Conference on Mobile Computing and Networking MobiCom2000, (Boston, MA), 2000, 8.

[64] Leu A E, Mark B L. Discrete-time analysis of soft handoff in CDMA cellular networks [J]. IEEE International Conference on Communications, 2002, 5 (5): 3222-3226.

[65] Huan Chen, Kumar S, Jay Kuo, et al. Dynamic call admission control and resource reservation with interference guard margin (IGM) for CDMA systems[J]. Wireless Communications and Networking, 2003, 3 (3): 1568- 1572.

[66] Z Ye, S V Krishnamurthy, S K Tripathi. On the Effect of the Size of the Pre-reservation Area on Handoff Performance in Wireless Cellular Networks [J]. 2nd IASTED International Conference On Wireless and Optical Communications (Banff, Canada) 2002, 7: 356-135.

[67] Mugen Peng, Jinwen Zhang, Xiaoming Zhu, et al. A novel dynamic channel allocation scheme to support asymmetrical services in TDD-CDMA systems [J]. International Conference on Communications Technology Proceedings, 2003, 2 (2): 794-798.

[68] Boris Tsybakov, Nicoals D Georganas. On self-similar traffic in ATM queues: definitions, overflow probability bound, and cdll delay distribution[J]. Transactions on Networking, 1997 (5): 397-409.

[69] Mandelbrot B B, Wallis J R. Computer experiments with fractional Gaussian noise[J]. Water Resource research, 1969, 5 (1): 228-256.

[70] Murad S Taqqu, Walter Willinger, Robert Sherman. Proof of a Fundamental Result in Self-Similar Traffic Modeling[J]. Computer Communication Review, 1997 , 27: 5-23.

[71] Leland W, Taqqu M, Willinger W, et al. On the self-similar nature of Ethernet traffic (extended version) [J]. IEEE/ACM Transactions on Networking, 1994, 2 (1): 1-15.

[72] Erramilli A, Williger W. Fractal Properties in Packet Traffic Measurements[J]. Proceedings of ITC Regional Seminar, St. Petersbug, 1993.

[73] Paxson V, Floyd S. Wide Area Traffic: The Failure of Poisson Modeling[D]. Proceedings of the ACM Sigcomm ' 94, London, 1994: 267-268.

[74] Crovella M, Bestavros A. Self-similarity in World-Wide Web traffic: Evdence and Possible Causes[J]. IEEE/ACM Transactions on Nerworking 1997, 10: 835-846.

[75] Duffy D E, Macintosh A A, Rosenstein M, et al. Statistical Analysis of CCSN/SS7 Traffic Data From Working CCS Subnetworks[J]. IEEE Journal on Selected Areas in Communications, 1994, 12: 544-551.

[76] Addie R, Zuckerman M, Neame T. Fractal Traffic: Measrerments[J]. Modeling and Performance Evaluation, 1995: 977-984.

[77] Erramilli A, Pruthi P, Willinger W. Recent Developments in Fractal Traffic Modeling[D]. Proceedings of ITC' 95, Seminar, 1995: 240-251.

[78] Heyman D, Tabatabai A, Lakshman T V, Statistical Analysis and Simulation Study of Video Teleconference Traffic in ATM Networks[J]. Circuit and System for Video Technology, 1992, 3: 49-59.

[79] Siddevadhar, et al. Measuring ATM traffic cell-by-cell: Experiences and preliminary findings from BAGNet. Preprint, UCLA, 1996.

[80] Garrett M W, Willinger W, Analysis, Modeling and Generation of Self-Similar VBR Video Traffic. Proceedings of ACM Sigcomm' 94, 1994: 269-280.

[81] Deane J, Smythe C, Jefferies D. Self-similarity in a deterministic model of data transfer[J]. International Journal of Electronics, 1996, 5.

[82] M Cinotti, E Dalle Mese, S Giordano, et al. Long-range dependence in Ethernet traffic offered to interconnected DQDB MANs[D]. University of Pisa, 1994.

[83] Willinger W, et al. Self-similarity in high-speed packet traffic: Analysis and modeling of Ethernet traffic measurements[J]. Statistical Science, 1995, 10 (1): 67-85.

[84] S I Resnick, et al. Heavy tail modeling and teletraffic data., Preprint, School of Orie[D]. New Yok: Cornell University, 1995.

[85] W Winllinger, et al. Self-similarity through high-variability:

Statistical analysis of Ethernet LAN Traffic at the Source level[J]. IEEE/ACM Transactions of Networking, 1997, 5 (1): 71-86.

[86] K Meier-Hellstem, P E Wirth, Y L Yan, et al. Traffic models for ISDN data users: Office automation application [D]. Proceedings of 13th Copenhagen, Netherlands 1991: 167-172.

[87] Özgür Gürbüz, Henry Owen. Dynamic Resource Scheduling Schemes for W-CDMA Systems[J]. IEEE Communications Magazine. 2000, 10 (38): 80-84.

[88] Kim K Y, Han Y N. A call admission with thresholds for multi-rate traffic in CDMA systems[J]. IEEE VTC, 2000, 2: 830-834.

[89] Sang H Kang, Dan K Sung. A CAC Scheme Based on Real-Time Cell Loss[J]. IEEE Transactions on Communications, 2000, 48 (2): 252-258.

[90] Mitra D, Riman Mi, Wang J. Robust dynamic admission control for unified ell and call QoS in statistical multiplexers[J]. IEEE JSAC, 1998, 16 (5): 692-707.

[91] Walter Willinger, Vern Paxson, Murad S Taqqu. Self-Similarity and Heavy Tails: Structural Modeling of Network Traffic. In R. Adler, R. Feldman, and M. S. Taqqu, editors [J]. A Practical Guide to Heavy Tails: Statistical Techniques for Analyzing Heavy Tailed Distributions. Boston: Birkhauser Verlag, 1998: 27-53.

[92] N G Duffield, Neil O' Connell. Large deviations and overflow probabilities for the general single-server queue, with applications. Math. Proc. Cam. Phil. Soc. 1995, 118: 363-374.

[93] Ilkka Norros. A storage model with self-similar input[J]. Queueing Systems, 1994, 16: 387-396.

[94] Christian Bettstetter, Giovanni Resta, Paolo Santi. The Node Distribution of the Random Waypoint Mobility Model for Wireless Ad Hoc Networks[J]. IEEE Transactions on Mobile Computing, 2003, 3 (2): 257-269.

[95] Jin Weon Chang, Jae Hoon Chung, Dan Keun Sung. Admission Control Scheme for Soft Handoff in DS-CDMA Cellular Systems Supporting Voice and Stream-Type Data Services[J]. IEEE Transactions on Vehicular Technology, 2002, 51 (6): 1445-1459.

[96] Jung-Hee Ryu, Dong-Ho Cho. Performance analysis of soft handoff in CDMA-based wireless packet voice/data networks[J]. IEEE VTC' 99, 1999: 531-535.

[97] D K Kim, D K Sung. Handoff Management in CDMA Systems with a Mixture of Different Types of Traffics [J]. IEEE VTC' 98, 1998: 1346-1350.

[98] C Purzynski, S S Rappaport. Prioritized resource assignment for mobile cellular communication systems with mixed services and platform types [J]. IEEE Transactions on Vehicular Technology, 1996, 3 (45): 443-458.

[99] P Ramanathan, K Sivalingam, P Agrawal, et al. Dynamic resource allocation schemes during handoff for mobile multimedia wireless networks[J]. Journal of Selected Areas in Communications, 1999, 7 (17): 1270-1283.

[100] Baiocchi A, Delli Priscoli F, Sestini F. Improving the Erlang capacity of a CDMA cellular network under bursty user mobility. Universal Personal Communications, 1996. Record., 1996 5th IEEE International Conference on, 1996, 2 (1): 194-199.

[101] Jens Zander. Radio Resource Management in Future Wireless Networks: Requirements and Limitations[J]. IEEE Communications Magazine, 1997, 35 (8): 30-36.

[102] Pillay-Narrainen R, Takawira F. A traffic model for CDMA cellular systems with soft capacity taken into account[J]. IEEE ISSSTA, 2000, 9: 221-225.

[103] Duk Kyung Kim, Dan Keun Sung. Characterization of Soft Handoff in CDMA Systems[J]. IEEE Transactions on Vehicular Technology, 1999, 48 (4): 1195-1202.

[104] M M Zonozzi, P Dassanayake. Mobility modeling and channel holding time distribution in cellular mobile communication systems [J]. IEEE Globecom, 1995, 11: 12-16.

[105] Park S, Ho Shin Cho, Dan Keun Sung. Modeling and analysis of CDMA soft handoff[J]. Vehicular

Technology Conference, 1996. Mobile Technology for the Human Race, IEEE 46th, 1996, 28 (3): 1525-1529.

[106] Ben Liang, Zygmunt J Haas. Predictive distance-based mobility management for PCS networks[J]. IEEE INFOCOM 1999 - The Conference on Computer Communications, 1999, 3(1): 1377-1384.

[107] Umesh M N, Kumar A Daraiseh. Resource allocation and call blocking in mobility network architectures[J]. Vehicular Technology Conference, 1999, 3 (3): 2520-2524.

[108] 张鹏. 宽带网络中自相似业务量建模的研究[D]. 北京: 北京邮电大学, 1999: 1.

[109] 宋世斌. 通信网络中自相似到达排队系统研究[D]. 广州: 中山大学, 2000: 1.

[110] 薛飞. 自相似网络业务的建模分析与性能评价研究[D]. 天津: 天津大学, 1998: 6.

[111] 张传福. 移动通信系统中切换和切换算法的研究[D]. 北京: 北京邮电大学, 2001: 11.

[112] 李波. 蜂窝移动通信系统中越区切换算法的研究[D]. 西安: 西安电子科技大学, 2001: 12.

[113] Vijay K Garg. 第三代移动通信系统原理与工程设计: IS-95 CDMA 和 CDMA2000[M]. 于鹏, 等译. 北京: 电子工业出版社, 2001: 4.

[114] 彭林, 等. 第三代移动通信技术[M]. 北京: 电子工业出版社, 2003: 2.

[115] 孙荣恒, 李建平. 排队论基础[M]. 北京: 科学

出版社，2002：10.
[116] 盛友招. 排队论及其在计算机通信中的应用[M]. 北京：北京邮电大学出版社，1998：9.
[117] 林正炎，陆传荣，苏中根. 概率论极限理论基础[M]. 北京：高等教育出版社，1999：9.
[118] 林闯. 计算机网络和计算机系统的性能评价[M]. 北京：清华大学出版社，2001：4.
[119] 徐光辉. 随机服务系统[M]. 北京：科学出版社，1980：7.
[120] 吴伟陵. 移动通信中的关键技术[M]. 北京：北京邮电大学出版社，2000：11.